亚布力国家森林公园森林景观
格局分析及生态评价

王洪成 著

吉林出版集团股份有限公司 | 全国百佳图书出版单位

图书在版编目（CIP）数据

　　亚布力国家森林公园森林景观格局分析及生态评价 /
王洪成著. — 长春:吉林出版集团股份有限公司，
2022.10
　　ISBN 978－7－5731－2622－1

　　Ⅰ.①亚… Ⅱ.①王… Ⅲ.①国家公园-森林公园-
景观生态环境-尚志 Ⅳ.①S759.992.354

　　中国国家版本馆 CIP 数据核字(2023)第 035049 号

亚布力国家森林公园森林景观格局分析及生态评价
YABULI GUOJIA SENLIN GONGYUAN SENLIN JINGGUAN GEJU FENXI JI SHENGTAI PINGJIA

著　　者:王洪成
责任编辑:孙　璐
封面设计:艾书文
开　　本:710mm×1000mm　1/16
字　　数:200 千字
印　　张:10.5
版　　次:2022 年 10 月第 1 版
印　　次:2023 年 8 月第 1 次印刷

出　　版:吉林出版集团股份有限公司
发　　行:吉林音像出版社有限责任公司
地　　址:长春市福祉大路 5788 号龙腾国际大厦
电　　话:0431－81629667
印　　刷:吉林省信诚印刷有限公司

ISBN 978－7－5731－2622－1　　　定　　价:48.00 元

• 前　言 •

　　景观格局分析及其生态评价是景观生态学应用领域中联系密切的两个环节，是正确认识景观、有效保护和合理开发利用景观资源的前提条件。本研究以地理信息系统技术为平台，以亚布力森林公园 2014 年森林资源二类调查数据为基础，采用景观生态学和生态学的研究方法，结合实地调查数据，对亚布力森林公园的景观格局、斑块特征、群落特征、森林生态服务功能、森林健康状况等方面进行了相关分析和评价，针对亚布力森林公园景观格局存在的问题，提出了具体优化和持续经营措施，目的是为该公园的持续经营和景观建设提供科学依据。主要研究结果如下：

　　(1)利用 Fragstats 景观分析软件计算、分类，并分析了景观的 17 个代表性指标。亚布力森林公园一级景观分成 10 类，森林景观（二级景观）分成 18 类，其中有林地景观占总面积的 74.5%，控制着整个公园的景观结构和生态功能。其次是农地景观(1.49%)。其他景观斑块镶嵌于有林地景观和农地景观中。森林景观以阔叶混交林为主，占有林地面积的 24.76%；其次是椴树林(17.57%)和落叶松林(11.83%)。森林景观以天然次生林为主，占有林地面积的 85.22%，以幼龄林景观为主，占有林地面积的 48.7%。

　　亚布力森林公园景观格局受地形因子影响明显，其中森林景观的 51.46% 主要分布在海拔 400～600 米之间，83.01% 分布在 <25° 的坡地上，85.2% 分布在阴坡、半阴坡和半阳坡，阴坡最多。

　　从整体景观要素斑块规模来看，农地景观斑块个数 85，斑块平均面积为 19.4，说明农地景观斑块破碎化程度高。在森林景观中，色木林景观整体性较好，斑块集中；白桦林斑块比较分散，破碎化较为严重；从斑块形状指数来看，一级景观中有林地形状指数(2.02)和斑块分维数(1.34)最大，表明有林地边缘形状曲折多变，形状复杂；二级景观中樟子松林形状指数(2.22)和分维数(1.35)

最大,表明樟子松林景观类型的形状比较复杂;从景观异质性指标分析,景观类型多样,景观异质性程度相对较大,破碎化程度低;从景观要素空间相互关系分析,各景观要素总体上空间分布相对均匀,呈团聚装分布,但个别景观要素空间分布比较分散;从景观多样性来看,亚布力森林公园内各景观类型多样性指数为2.66,多样性指数低,优势类型景观明显。

(2)根据群落调查数据,针叶林中落叶松具有最大的重要值(0.64);阔叶林中阔叶混交林的重要值最大(0.72),说明落叶松林和阔叶混交林更适合于该地区的立地条件。从物种丰富度指数、物种多样性指数、群落均匀度和生态优势度来看,不同群落总体差异不大,阔叶林内物种丰富度指数、物种多样性指数和群落均匀度大于针叶林;生态优势度针叶林群落相对大于针叶林。群落生物多样性和均匀度对比分析,生态优势度与群落的多样性指数和均匀度呈一种负相关关系。

(3)土壤化学分析表明,土壤有机质、全氮、速效钾和速效磷分别介于2.12%～11.23%、0.16%～0.75%、0.87%～2.21%和0.019%～0.110%之间,土壤呈微酸性至酸性。针叶林的土壤养分含量均低于阔叶林。

(4)从森林林木产值、平均生产力、固碳释氧、涵养水源、保育土壤、净化大气、生物多样性保护和森林游憩等方面对亚布力森林公园森林生态服务功能进行评价。评价结果表明,2014年亚布力森林公园森林生态服务功能总价值为45 236.6万元/年,评价指标的所占比重的大小顺序为保育土壤(32.8%)＞涵养水源(29.6%)＞森林游憩(13.8%)＞生物多样性保护(10.3%)＞净化大气(6%)＞木材价值(4.1%)＞固碳释氧(3.4%)。

不同类型的林地,其生态服务功能价值差异较大,单位面积上不同林地年生态服务功能价值冷杉林最大(14.8万元/公顷·年),其次是针阔混交林(9.9万元/公顷·年),疏林地最小(2.6万元/公顷·年)。

(5)选取景观结构指数、群落特征指数、抵抗力、立地条件和森林生态服务功能等5个方面26个指标,建立亚布力森林公园森林景观健康评价指标体系,利用主成分分析方法,通过统计产品与服务解决方案软件对亚布力森林公园森林景观健康进行综合评价,景观综合评价得分为0.72,说明亚布力森林公园森林景观健康程度处于亚健康的上限区域。

(6)针对亚布力森林公园森林景观存在的问题及原因,提出了景观格局优化目标和原则,以及相应的优化与持续经营措施,对有林地和农用地空间格局优化进行前后对比分析,表明优化后有林地和农用地分布格局更加合理。

王洪成

2021 年 12 月

● 目 录 ●

第一章

绪 论

第一节 引言

一、课题研究背景

历史证明,"生态兴则文明兴,生态衰则文明衰"。森林生态系统约占陆地面积近1/3,是陆地生态系统的主体,是陆地上结构最复杂、生物量最大、初级生产力最高的生态系统,同时它具有固碳释氧、涵养水源、保持水土、调节气候和保护周围其他生态系统等多种作用,在维护区域生态安全与维护人类生存发展的基本条件中起着决定性的作用。根据我国第八次森林资源清查结果显示:我国目前森林覆盖率为21.63%,森林覆盖率远低于全球31%的平均水平,人均森林面积仅为世界人均水平的1/4。总体上,我国是一个缺林少绿、生态环境比较脆弱的国家,森林资源总量相对不足、质量不高,林业的发展还面临着巨大的压力和挑战。

近年来,我国提出了生态文明建设和美丽中国建设的发展总目标。林业是生态文明建设和美丽中国建设的重要载体和生态基础,林业的可持续发展决定了社会经济的可持续发展。在全球环境日益严峻的环境下,如何更好地发挥森林的生态服务功能,更好地为人类服务,是目前值得研究的一个热点和难点课题。景观的结构与功能是景观生态学研究的主要对象和内容,景观结构是景观功能的基础。森林景观结构决定着森林的生态服务功能和健康状况,对森林景观的研究可以为森林的结构调整、功能提升、格局优化和森林资源的合理利用等方面提供科学合理的数据支撑。

亚布力国家森林公园位于长白山脉、小白山系、张广财岭西麓中段,地处亚布力尚志市的西南部,建立于 1993 年,总面积 14 051.5 公顷。亚布力国家森林公园是尚志市的生态屏障、水源涵养区和生物多样性保护区,生态区位极为重要。尚志市的母亲河——蚂蚁河发源于此,森林公园内的德尔日月湖水库,库容常水位 16 万立方米,是尚志市的重要饮用水源地。目前,亚布力国家森林公园形成了以旅游滑雪、生态科考、观光避暑、休闲度假,会展、商务、假日旅游为主体的综合型结构的森林生态旅游度假胜地。随着旅游产业快速发展,公园内的景观格局也发生了巨大变化,对亚布力国家森林公园景观格局及生态评价的研究,有利于亚布力国家森林公园旅游业的持续开发、景观结构的调整和森林生态服务功能的提升,能为尚志市生态文明建设提供科技支撑。

二、研究的目的意义

亚布力森林公园地处亚布力林业局,其中天然林面积占 63.48%,人工林面积占 11.01%。亚布力森林公园是东北东部山区较典型的天然次生林区,原地带性顶级群落为红松阔叶林。自宝山林场和青云林场成立以来,开始逐步营造人工林,目前已逐步向针阔混交林方向改造。

亚布力森林公园作为国家级森林公园,为东北地区的一个重要旅游景点,但到目前为止,还未见有关亚布力森林公园的研究报告。由于缺少相关技术文献的支撑,不利于亚布力森林公园的可持续经营与管理,也不利于尚志市生态文明建设和美丽城市建设。

本研究的目的是探明亚布力森林公园的群落组成和结构、景观格局空间分布规律,分析和评价亚布力森林公园森林生态系统的生态服务功能和健康程度,为亚布力森林公园的景观空间优化布局、结构调整、健康发展、可持续经营提供技术支持,为尚志市生态文明建设和生态补偿提供理论依据,研究意义重大。

第二节 文献综述

一、景观生态学研究进展

(一)景观生态学概念

景观生态学起源于欧洲,被看作是地理学和生态学的交叉学科,一直处于学术交流的前沿。1939 年,德国植物学家特罗尔利用航空相片研究东非土地利用问题时,首先提出它是以整个景观为研究对象,分析物质流、能量流、信息流与价值流等各种能量的流动在地球表层的传输和交换,生物与非生物以及与人类活动之间的相互作用及转化,从而运用生态系统原理和系统方法来研究景观结构和功能、景观动态变化及相互作用机理、景观的美化格局、优化结构、合理利用和如何保护的学科。国外有关学者曾指出,景观生态学发展了两个中心问题,一是连接自然地理和生物地球化学,描述和解释尺度为几公里的陆地表面格局;二是连接生物生态学,研究生物与环境间的相互作用,景观生态学就是要研究景观格局如何控制或影响这些过程的。目前,国际生态学界对景观生态学的认识并非完全一致。有学者将景观生态学定义为:"景观生态学是涉及景观内部的空间组织和景观内部有关系统的相互关系的学科"。有关专家提出:"景观生态学是景观学科的亚学科,它研究由不同要素彼此相互作用组成的整个实体的景观。"还有学者认为,景观生态学并非一门独立的学科,也不是生态学的单纯分支,它是为了认识同性质和异质性的地貌及生物系统管理效果和基本过程的学科,是研究空间异质性的发展和动态,特别是应该强调景观空间——时间模型的众多有关学科的综合交叉。《景观生态学》一书进一步阐述了景观生态学的概念。该书认为,景观生态学是以景观为对象,研究其结构、功能及变化的生态学科。还有学者认为,景观生态学是现代生态学的分支,其核心问题是研究人与景观的关系,其研究目标是总体人类生态系统,是联系植物学、动物学和人类学这些单独学科的研究对象和过程的纽带和桥梁。国际景观生态学会1998 年在会章中总结,景观生态学是对于不同尺度上景观空间变化的研究,包括对景观异质性、生物、地理及社会原因的分析。我国学者普遍认为,景观生态学是研究在一个相当大的区域内,有许多不同生态系统所组成的整体(即景观)

的空间结构、相互作用、协调功能以及动态变化的生态学新分支。① 景观生态学以整个景观为对象,通过物质流、能量流、信息流与价值流在地球表层的传输和交换,生物与非生物以及人类之间的相互作用与转化,运用生态系统原理和研究方法研究景观结构和功能、景观动态变化以及相互作用机理、研究景观的美化格局、优化结构、合理利用和保护。或概括地说,景观生态学是研究景观单元的类型组成、空间配置及其与生态过程相互作用的综合性学科。

(二)景观生态学的研究流派

由于各国景观特点不同,形成和接受景观生态学概念,开展景观生态研究的环境背景差异较大。初期从事景观生态研究的学者专业背景各异,使景观生态研究在其形成阶段就分流成各具特色的方向。各国的景观生态学研究者通过大量的实践与理论研究积累了相当丰富的经验,提出了景观生态学的一般原理与核心概念,构筑起景观生态学的理论框架。目前在国际上已形成具有各自特色的若干学派,其中北美学者更多关注生物—自然的研究方法,强调格局、过程、尺度与等级;欧洲学者则更多注重以社会、经济为核心的景观规划,强调一般系统论和生物控制论共生论;而我国学者为使景观生态学理论更好地与我国国情相结合,较多强调对人类活动影响的研究与景观尺度上的生态建设。随着景观生态学理论研究和实践的不断深入,呈现出相互补充、相互完善、共同发展的态势。

总体概括起来,可分为两个学派:美国的系统学派和欧洲的应用学派。美国学派是从生态学中发展起来的,主要进行景观生态系统研究,把景观生态研究建立在现代科学和系统生态学基础上,侧重于景观的多样性、异质性、稳定性的研究,形成了从景观空间格局分析、景观功能研究、景观动态预测、指导景观控制和管理的一系列方法,从而奠定了景观生态系统学的基础,是景观生态学基础和理论研究的核心。欧洲学派是从地理学中发展起来的,体现了景观生态学的传统观点和应用研究。主要强调人是景观的重要组分并在景观中起主导作用,注重宏观生态工程设计和多学科综合研究,应用景观生态学思想和方法进行土地评价、利用、规划、设计以及自然保护区和国家公园的景观设计与规划

---

① 王彤,任子民,耿美云等.浅析郊野公园局部景观规划设计[J].中国林副特产,2014(2):97—99.

等,并形成了一套景观生态规划方法。

(三)景观生态学研究方向

景观生态学正逐渐体现生态学主流并盛行于全球的综合性科学,随着景观生态在理论、方法和应用上的发展呈现出多元化的趋势。各国学者对于景观生态学研究方向做了深入的研究,并先后在 2001 年美国景观生态学会年会和 2003 年世界景观生态学大会上进行了专门讨论。有关学者提出景观生态学中的十大研究论题:异质景观中的能量、物质和生物流过程;土地利用和覆盖变化的起因、过程和效应;非线性科学和复杂性科学在景观生态学中的应用;尺度推绎;景观生态学方法论的创新;将景观指数与生态过程相结合,并发展能反映生态和社会经济过程的综合景观指数;把人类和人类活动整合到景观生态学中;景观格局的优化;景观水平的生物多样性保护和可持续性发展;景观数据的获得和准确度评价。该学者指出,景观生态学六个学科发展要素:突出交叉学科性和跨学科性;基础研究和实际应用的整合;发展和完善概念及理论体系;加强教育和培训;加强国际学术交流和合作;加强与公众和决策者的交流与协作。

2007 年 7 月在荷兰召开的第七届国际景观生态学大会,回顾和展示景观生态学在理论、方法和应用方面的成就,并充分研讨景观生态学的未来发展方向。同年,在北京举办的第五届全国景观生态学学术研讨会上,分别对景观格局变化机制与效应、景观生态评价与规划、生物多样性保护与生态恢复以及景观生态学的理论与方法四个方面进行充分交流。同时,该研讨会还指出,随着景观生态学研究的深入,以科学和实践问题为导向的学科交叉与融合不断加强,促进了景观生态学新的学科生长点的形成和发展,主要包括水域景观生态学、景观遗传学、多功能景观研究、景观综合模拟、景观生态学与可持续科学五个方面。

(四)景观生态学研究方法

景观生态学的重要特征就是其交叉学科的性质,覆盖了地理、生物、野生生物管理、林业、农业、景观建筑与美学、区域规划和发展等诸学科研究。在重视理论建设的同时,新技术手段和方法的开发利用成了学科发展的主要任务。目前地理信息系统、遥感技术、全球定位系统、计算分析软件、数学模型、人工智能与神经网络等研究手段的引入,为景观生态学的发展和应用提供了新的动力和技术支持。现代景观生态学在研究宏观尺度上的景观结构、功能和动态的方法发生了显著变化。

1. 3S 技术在景观生态学中的应用

3S 技术是遥感技术、地理信息系统、全球定位系统的统称,是空间技术、传感器技术、卫星定位与导航技术和计算机技术、通信技术相结合,多学科高度集成地对空间信息进行采集、处理、管理、分析、表达、传播和应用的现代信息技术。[①] 3S 技术在很大程度上改变了生态学家开展研究的方式,同时逐渐成为景观生态学的特征之一,随着空间数据获取技术、空间分析技术和计算机网络技术的不断发展,3S 技术更好地迎合了景观生态学的需要,成为景观生态学研究过程中必不可少的主要工具之一。其在景观数据的来源、景观空间格局分析、景观生态监测、评价与管理、景观空间模拟、景观生态规划等研究中起着重要作用,为区域景观生态分析系统的建立提供快捷有力的工具,避免传统研究手段暴露出来的工作量大、成本高、工作周期长等不足。

2. 计算机软件在景观格局数量化研究中的应用

景观格局数量研究方法主要分为:用于景观组成特征分析的景观空间格局指数;用于景观整体分析的景观格局分析模型;用于模拟景观格局动态变化的景观模拟模型。这些景观格局数量方法为建立景观结构与景观过程的相互关系,以及预测景观变化提供了有效手段。目前在景观格局数量化研究中,广泛使用 Fragstats3.3 软件计算景观格局指数;运用统计产品与服务解决方案统计软件中典型相关性分析对景观格局变化的驱动力进行分析。

二、森林景观生态学研究概述

(一)森林景观和森林景观生态学概念

森林景观是以森林生态系统为主体所构成的景观,包括森林在景观整体格局和功能中发挥重要作用的其他类型的景观,具有系统性、空间性和动态性等特点,强调的是空间异质性、等级结构和时空尺度。森林景观研究的目的在于

---

① 章家恩,饶卫民,张超等.3S 技术在景观生态学中的应用研究概述[J].国土与自然资源研究,2006(3):50—52.

通过森林景观结构、功能、动态变化、相互影响及控制机制的研究,揭示基本规律和掌握调控手段,并通过科学的规划设计对景观实现生态保护、恢复、建设和管理。森林景观生态研究把地理学研究空间相互左右的水平方向与生态学研究生态系统组成要素之间相互作用的垂直方向结合起来,注重空间结构与生态过程的影响,探讨了空间异质性的发展和动态,阐明景观尺度上的格局与过程。

(二)森林景观生态学主要研究内容

森林景观研究不仅要研究景观尺度上的格局与过程,也要研究景观生态过程与群落生态过程的关系和群落组成、结构、功能及其演替的动力和影响机制。具体可包括以下内容:①森林景观结构特征与异质性;②森林景观要素边际带结构特征、动态变化及生态效应;③森林景观异质镶嵌斑块之间的物质、能量、物种及信息交换;④森林景观格局成因机制及其与自然干扰和人类活动方式和强度的关系;⑤森林景观异质性与稳定性的关系和森林景观健康与稳定机制;⑥干扰在异质森林景观中的扩散和调控机制;⑦森林景观动态可预测性及景观动态模型和景观管理辅助决策模型的构建;⑧森林景观总体结构的变化对景观要素动态变化交互影响的模式;⑨森林景观管理的基本原理、原则及森林可持续经营的景观规划设计模式或途径。

(三)国内外研究概述

1. 国外研究进展

国外有关森林景观生态的研究取得了一系列研究成果。森林景观生态研究是美国景观生态学流派的主要特色,不仅提出和发展了一些逐渐得到正式和接受的一般性原则或原理,不断充实景观生态学的理论体系和方法论体系,为景观生态学的发展作出了突出贡献,并在相关领域开展了赋予成果的研究,特别是继承森林生态学的已有研究基础,应用景观生态学原理,形成了跨尺度多层次的整体研究格局和群体优势,不断为景观生态学理论体系和方法论体系的发展和完善提供营养,为景观生态学应用研究提供理论指导。由于各层次、各领域的研究相互促进,使森林景观生态学研究成了一个充满生机和活力的领域,为森林资源管理、保护区管理、土地资源管理中新思想、新思路的形成和发展提供了应用。

2. 国内研究进展

国内在森林景观生态研究方面起步晚,但卓有成效。从群落组成结构分析和群落分类,向群落梯度分析、排序和群落种群空间分布格局及其动态分析转移;从通过种群年龄结构分析探讨群落演替动态规律,转向分析斑块组成结构、年龄结构、空间结构,揭示森林景观格局动态,反映了对森林景观格局动态变化与过程新的理解,促进了研究工作向综合性多尺度分析方向发展。[①] 经过短短20多年的发展,我国森林景观生态学的概念、原理、研究方法已有了很大的深化和改进,并取得了一定的科研成果,充分显示了我国在森林景观生态研究方面的实力。

目前,国内外很多学者在森林景观生态方面做了大量的研究工作。早期将景观生态学原理应用到森林景观生态的研究,主要是对研究区域进行景观分类,并计算一些简单的指数。随着地理信息系统技术的发展,计算森林景观格局指数越显得方便和准确,因此,越来越多的学者开始使用森林景观指数来反映研究区域的景观格局现状及变化情况,采用"E-指标"指数能够揭示森林景观要素的空间分布聚集情况。在研究成果中,借助地理信息系统软件中的景观统计包,可以分析森林景观的空间格局分布。[②] 河流廊道两侧一定范围内景观类型的变化对它在生物多样性保护方面有着重要的生态学意义。在森林规划最优模型中引入景观形状指数作为一个变量标准,可以用来研究森林景观破碎化程度。在景观动态研究方面,主要有应用马尔可夫模型模拟森林景观格局的变化,应用空间趋势面分析法,定量化分析森林景观要素空间格局受地形特征和干扰格局控制的程度;在森林景观空间格局变化研究,火干扰对森林景观格局的影响等诸多方面。国内有关专家对山西关帝山林区森林景观动态及其群落生态效益的研究,也是目前森林景观生态研究领域针对一个地区进行的比较全面的研究。

有的学者利用林场历史林相图对山海关林场景观格局与动态进行分析,应用格局理论分析了研究地区景观结构的过程与趋势;有的学者研究了关帝山森

---

① 蔡小虎,王启和,王金锡等.基于马尔可夫模型的森林景观动态的变化分析[J].四川林业科技,2007(4):10-15.

② 杨国靖,肖笃宁,赵成章.基于地理信息系统的祁连山森林景观格局分析[J].干旱区研究,2004,21(1):27-32.

林景观组成、结构、分布格局、空间关系和动态过程、主要的控制因素和控制机制;有的学者对沈阳市东陵区 30 年间景观格局变化基本过程和特征以及未来变化趋势进行了分析;有的学者研究了大兴安岭北部林区的景观格局变化,分析了人为干扰对森林景观多样性、景观破碎化的影响,认为该地区森林景观在向着不可持续方向发展。还有学者在吉林东部近 50 年森林景观变化及驱动机制的研究中,分析了研究森林景观时空变化特征及森林变化的驱动机制,指出人口增长、经济发展及国家林业政策的失误是当地林地减少的主要因素;森林生态保育政策是林地增加最主要的驱动力。

从以上国内外研究现状看,森林景观生态研究有以下特点:一是采用遥感、地理信息等新的技术手段,重视景观与区域尺度景观生态研究相结合,探讨森林景观空间结构特征和分布格局对区域、生态安全、土地生产力、生物多样性等方面的影响;二是基于种群、群落或生态系统生态研究成果,针对具体生态问题开展研究,将格局与过程更好地联系起来;三是以生态过程为基础,注重模型化研究方法的应用,联系林业、农业、旅游业等生产实际,为森林经营和景观规划、管理提供依据。由于研究起步晚,国内森林景观生态研究还存在不少问题,概括起来有:①研究技术手段相对落后;②森林群落及生态系统研究基础仍显不足;③研究技术方法尚待完善和提高;④研究案例和成果有限;⑤森林景观生态模型研究有待加强。

三、森林系统生态服务功能评价

(一)森林生态系统服务功能的概念

《人类对全球环境的影响》中首次使用了"服务"这个词,并列举了生态系统对人类有益的一些环境服务。该作者在《人口与全球环境》这篇文章中首次提到公共服务,并认为这些服务不能被科技取代。之后,出现了自然服务功能和生态系统服务功能两个词。进入 20 世纪 90 年代,有学者对生态系统功能和生态系统服务进行了阐述和对比,指出人类直接或间接地以产品和服务的形式获取服务。有的学者则提出,生态系统服务功能是指生态系统与生态过程所形成及所维持的人类赖以生存的自然环境条件与效用。综上所述,森林生态系统服务功能可以理解为森林生态系统与生态过程中形成及维持人类赖以生存和发展的自然生态环境条件与效用。

(二)森林生态系统服务功能国内外研究进展

1. 国外研究进展

早在 20 世纪 50 年代,国外就开始了对森林生态系统服务功能价值的研究,主要偏向于计算其直接经济价值、森林游憩价值等。20 世纪 60 年代开始采用能值分析法,使得评估方法进一步完善。

进入 20 世纪 90 年代,继续进行以市场价值法、旅行费用法和意愿调查法等为主的森林生态系统服务功能研究。国外有关学者基于旅行费用法,探讨了热带雨林的旅游价值,并提出热带雨林可持续发展的方案。有的学者采用两种条件价值法评价了英国森林价值的空间分布,并分析了在不同森林类型中消费者的盈余变化。有的学者从直接价值、间接价值、选择价值和存在价值四个方面计算得出墨西哥森林生态系统服务功能的总价值至少为 40 亿美元,水文和碳循环价值比重最大。就科学性而言,以往的评估方法、技术体系并不完善,很难广泛地运用。直到《自然服务:社会有赖于自然生态系统》一书出版,才创新性地将生态系统服务的研究推到一定高度。具有同样影响的是国外有关专家对全球生态系统服务功能价值的评估,其把森林生态系统划分为热带森林和北方森林两类,以 17 种服务功能指标,按 10 种生物群系估算出全球生态系统服务功能的年总价值为 16~54 万亿美元。进入 21 世纪,千年生态系统评估项目启动,1300 多名科学家参与了生态系统服务功能的评估工作,这是在全球范围内首次联合对生态系统及其服务功能与人类福祉间相互联系进行的研究。随着 3S 技术的广泛应用,这一时期国外相继研发了多种适合于大尺度评估森林生态系统服务功能的生态模型,开辟了其价值动态评估的新纪元。

2. 国内研究进展

从 20 世纪 90 年代中期开始,我国的生态学者开始系统地进行生态系统服务功能及其价值的研究,最早是张嘉宾对云南怒江州贡山、福贡、胃江、泸水 4 个县的森林固持土壤、涵养水源、燃料、用材、肥料等功能作了初步估价。最初的研究更多地集中在对国外生态系统服务功能概念、内涵、评估方法等研究成果的介绍以及对生态系统服务功能的理论探讨方面。

(1)全国尺度森林生态系统服务功能评估

有关学者基于林分价值、林地价值和森林环境资源价值,采用 2 种方法对我国森林资源进行了经济价值评估,得出其总价值分别为 13.7 万亿元·a^{-1} 和 11.1 万亿元·a^{-1}。此后,很多学者采用全国森林资源清查数据,根据各自选取的指标对我国森林生态系统服务功能价值进行了核算。还有学者应用能值理论,对我国红树林生态系统服务的能值货币价值作了评估。至此,森林生态系统服务功能价值评估研究已初有成效,但是由于评估体系不够完善、计算方法多样、指标及参数选取具有主观性等特点,致使同一区域价值的评估结果存在差异,森林最终的生态服务功能价值尚未得到充分体现。2008 年以后,全国尺度森林生态系统服务功能的评估工作取得重大突破,评估结果也越来越精确。这得益于《森林生态系统服务功能评估规范(LY/T1721—2008)》标准的制定和森林生态系统定位研究网络台站数量在全国范围内的大幅增加。这一时期,利用以上标准中森林涵养水源、保持土壤、固碳释氧、积累营养物质、净化大气、生物多样性保护和森林防护中的前 6 项生态服务功能指标,结合台站及森林资源清查数据,有关学者分别对我国油松林和栎林生态服务功能物质量和价值进行了评估,还有学者分别评估了 1994 年—1998 年和 1999 年—2003 年期间的我国杉木林、2003 年我国不同省份的经济林、2009 年中国森林及第五次、第六次和第七次森林资源普查下全国灌木林—经济林—竹林的生态服务功能总价值。以上评估为中国绿色 GDP 核算、森林多功能经营技术、生态补偿及市场决策等打下了坚实的科学基础。

(2)中小尺度森林生态系统服务功能评估:

在早期的评估中,科研工作者同样仅选取部分功能指标,参照国外市场价值法、替代市场法和虚拟市场法 3 大类方法中的某几种方法进行某些功能的评估。有的学者采用费用支出法、旅行费用法及条件价值法计算了 1996 年长白山保护区生物多样性旅游价值。此后,以替代类方法为主,相继完成了江西、陕西、甘肃等省份的森林生态系统服务功能评估。之后,采用国家评估规范及体系在此尺度下发表的论文较多,准确的评估为大尺度的评估提供了可靠的数据。其中,王兵等[1]依据标准,评估了辽宁省 14 个地市主要植被类型生态系统功能的物质量和价值量。国内多数的研究主要存在以下问题:①大多数评估缺

---

① 王兵,鲁绍伟,尤文忠等. 辽宁省森林生态系统服务价值评估[J].应用生态学报,2010,21(7):1792—1798.

乏对生态系统结构、生态过程与生态服务功能关系的深入研究,且生态系统服务功能与自然资本价值评估的理论与方法的研究缺乏可靠的生态学基础;②在评估方法的应用上,主要是市场价值法和替代市场法(替代工程法、机会成本法、旅行费用法等),对虚拟市场法的应用不足;③在生态系统服务功能价值评估的案例研究中,对非利用价值(选择价值、遗产价值和存在价值等)部分的研究较少。

(三)森林生态系统功能价值评估方法

森林生态系统生态服务表现出外部经济性、空间异质性、价值不可移动性和地域局限性等特点,我国大多数学者把森林生态系统生态服务的价值分为直接经济价值、间接经济价值和存在价值。根据多位学者对森林生态系统服务价值评估方法的总结,并结合有无市场、价值分类,将森林生态系统服务的价值评估方法归类。

森林主要生态服务的价值体现为间接价值,但是间接价值是需要用替代品市场才能评价出来,而有直接市场的林木、林副产品和森林游憩虽然可以有直接的市场对它们进行评估,但其只占森林生态服务总价值的很少一部分。通过支付意愿法评价出的森林维持生物多样性功能的价值,因为其市场是虚拟的,评价结果很难被人们接受。我国学者评价森林生态系统服务价值的对象越来越丰富,大多评估某一工程地区、风景名胜区或省市地区的森林生态系统服务价值。根据评估的地区以及评价或者分析的方法将我国学者评估森林生态系统服务价值的案例进行分析。

不同的森林类型其评价的方法和所用的指标也会有所不同。我国学者在对森林改善城市小气候、净化大气、涵养水源、维持大气碳氧平衡的生态功能进行评价外,还采用资产价值法(HP 增加了对消除噪音这一生态服务的评价。[①]

对特殊森林资源(国家公园或风景名胜区)的生态服务价值,评价的方法不同。有的学者对帽峰山森林公园森林生态系统的价值进行评价时,运用条件价值法,通过支付意愿进行调查。支付意愿法因为在专家学者和普通公众中进

---

① 杜正清,赵阿奇.城市森林的生态服务功能及经济价值研究[J]经济师,2006(5):23—24.

行,对评估森林生态系统服务价值的存在价值比较有效。

还有学者在评价了森林生态系统服务的价值之后,用多边形综合指标法对各地区森林生态系统服务进行综合评价与分级。多边形综合指标法充分体现了评价对象各项功能的综合效应,是一种比较理想的分析方法。我国还有学者用物质量和价值量相结合的方法来评价森林生态系统服务的价值,这种方法既反映出森林生态系统服务的可持续性,又计算出了各种森林类型在不同区域的价值量。

四、森林景观健康状况的综合评价

随着人类活动范围的扩大和影响的加剧,几乎人类活动所涉及的所有景观都受到了扰乱,并直接威胁到人类健康和经济社会的可持续发展能力,引起了广大学者的关注。当生态健康学理论在各种系统中成功应用后,随着景观生态学的发展,景观层次上的生态健康逐渐成为研究的热点。国外有关学者将健康的概念首次拓展到了景观层次,认为景观健康是一种动态平衡状态,调节与反馈机理维持着整个景观的自动调节功能。据此,景观健康就是基于正常的动态平衡机理不受严重胁迫状态。因此,景观健康的标志就是景观维持近似平衡和从大的干扰下迅速恢复的能力。其属性包括开放性、自我调节能力、生产力和多样性等方面。森林景观健康是森林健康的重要方面,与林分、群落和生态系统健康构成一个相对复杂的系统概念,由早期的单木和林分健康逐步发展而来。健康的内涵是以各种因素对森林的影响不威胁其资源经营的目标为标准。森林景观健康即各种因素对森林景观的影响没有威胁其资源经营的目标。

景观生态健康评价的前提是要识别出在强烈人类活动影响下,结构或与功能已经发生了改变的景观。从生态学角度来看,森林景观健康评价内容涉及森林景观的完整性、安全性、协调性、有序性、高效性、完备性和可持续性等。评价的主要指标包括森林景观结构(斑块面积、斑块形状、斑块周长、斑块数量、斑块分维数、廊道)与格局健康指标(多样性指数、丰富度、均匀度和优势度)、森林景观生态过程健康指标(植被类型、植被结构、生物多样性、森林覆盖率、呼吸速率、光合速率、蒸腾速率、景观通量和胁迫度)和森林景观生态功能健康指标(生物量、净初级生产力、木材产量、林副产品产量、固碳释氧量、贮水量、土壤有机质含量、截留降水、水土保持、水体质量、空气质量、恢复力和景观抵抗力）三方面。国际生态系统健康学认为,判断一个生态系统是否健康是建立生态系统主要功能是否偏离的主要标准。生态健康的景观可以提供维持人类社会的各种生态服务,具有经济、生态与美学等多重价值,是进行景观评价与规划设计的基础。景观生态健康不仅是对景观镶嵌体自然属性的评价,还整合了人类干扰的选择,描述了不同景观类型的生物物理特征和社会经济特征。有的学者将森林景观生态健康评价指标划分为很健康、健康、亚健康、一般疾病和病态5级,并给出了森林景观生态健康等级标准。目前在景观水平上对森林生态系统进行评价,一般是基于审美的需要,而对于生态健康的评价主要包括指示物种法和结构功能指标法两种。前者主要依据森林生态系统的关键种、特有种、指示种、濒危种、长命种、环境敏感种等的数量、生物量、生产力、结构指标、功能准备以及一些生理生态指标来描述生态系统的健康状况,主要适用于自然生态系统的健康状况评价;后者主要是基于系统的关键生态过程,运用物理学、化学、生物学等多方面知识,整合系统结构、生理、生态属性的定量特征,构建生态健康评价综合指标体系,适用于各种类型的生态系统。

第三节 研究内容

本研究主要以地理信息系统技术、Fragstats 软件及其他技术为手段,以亚布力森林公园为研究对象,收集、整理亚布力森林公园的自然地理、社会经济和森林资源相关因子等方面的资料,辅以野外调查来获取实验区的数据,主要研究内容如下:

一、景观格局分析

以 2014 年森林资源二类调查数据、林相图和数字高程模型,在 ArcGIS 软件提取亚布力森林公园坡度、坡向图,利用 Fragstats 软件计算和分析景观格局指数,针对不同景观要素类型和景观斑块特征进行不同海拔、坡度和坡向分析。

二、主要森林群落类型结构特征分析

根据野外调查数据,参考 2014 年森林资源二类调查数据,采用定性和定量相结合的方法,评价亚布力森林公园内群落结构组成、分布特征、生物多样性和森林病虫害等。

三、森林生态服务功能评价

利用 2014 年森林资源二类调查数据,估算亚布力森林公园森林生物量、生产力、碳储量和碳密度及其空间分布,同时估算其木材产值、涵养水源、保持水土、固碳释氧、净化大气、生物多样性和森林游憩等方面的价值量。

四、森林景观健康状况的综合评价

利用统计产品与服务解决方案软件,结合森林群落调查数据、森林景观特征数据、森林生态服务功能评价数据,构建反映亚布力森林公园的森林景观健康评价指标体系,采用主成分分析方法,综合评价亚布力森林公园森林景观健康状况。

五、亚布力森林公园景观空间优化与可持续发展

根据上述研究结果,分析亚布力景观格局存在的问题,针对问题提出亚布力森林公园景观格局优化的调控措施,促进森林公园的持续发展。

第四节　研究技术路线

本研究的技术路线图如图 1-1。

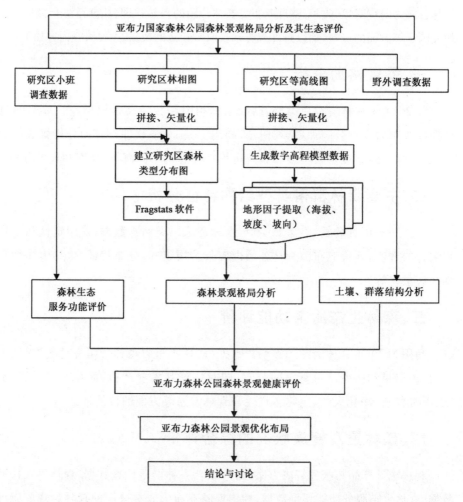

图 1-1　本研究的技术路线图

第二章

研究材料与数据预处理

第一节　研究区概况

一、行政区划、地理位置

亚布力国家森林公园行政区划隶属尚志市亚布力镇,行政管理隶属黑龙江省亚布力林业局,依托城镇为亚布力林业局青云经营所。

亚布力国家森林公园地处黑龙江省尚志市亚布力镇西南 23 公里处,地理坐标为东经 $128°22'15''$～$128°34'50''$,北纬 $44°39'40''$～$44°51'10''$ 之间,总面积 14 051.5 公顷。

二、自然环境概况

(一)气候条件

亚布力国家森林公园地处中温带,属大陆湿润性季风气候,四季分明,其高山环境对热量、降水的作用,使本区小气候特征表现突出。据亚布力林业局森林气象站的资料,园内年平均气温 3.3℃。最高气温 34℃,最低气温达－43℃。无霜期 120 天左右,早霜于 9 月下旬开始,晚霜于 5 月中旬止。年平均降水量为 650 毫米,降水多集中于每年的 6～8 月份。该区域雪资源丰富,积雪期从 11 月至次年的 4 月,可达 170 天左右,山下积雪深度 30～50 厘米,高山可达 100 厘米以上。主导风向为西风,年平均风速 3.3 米/秒。

(二)地质条件

亚布力国家森林公园位于长白山支脉、小白山山系、张广才岭西麓,地形属低山丘陵地区,部分为中山地区。地貌特点为峰高坡陡,沟壑狭窄,石塘多,河谷密集。最高峰大锅盔峰海拔高度 1374.8 米,七个顶子峰海拔高度 807.8 米。峰峦起伏、沟谷纵横、奇峰林立、悬崖峭壁,形成本区特有的地貌景观。

地域内成土岩石为花岗岩、火山岩和沉积岩。境内分布最广的土类为地带性暗棕壤,分布在不同的海拔之间。除暗棕壤外,尚有少量的白浆土、草甸土、沼泽土及泥炭土等。

(三)水文条件

亚布力国家森林公园主要有两条河流,一是黄泥河,起源于青云施业区的大锅盔沟,河流总长度 20 千米,河宽 20 米,流域面积 40 平方千米。二是西石头河,起源于宝山施业区的岭西沟、沙子沟等,河流总长度 12 千米,河宽 18 米,流域面积 20 平方千米。黄泥河、西石头河汇合于蚂蚁河。亚布力风景名胜区在青云经营所场址附近有日月湖水库一座,占地面积 74 238 平方米,库容常水位 16 万立方米,洪水位 22 万立方米;常水位标高 99.5 米,最高水位标高 101 米,冬季结冰厚度 1.5 米,水深 9.3 米。

大气降水是本区水源的补给,降水的地理分布,由东南向西北递减,东部低山区是降水中心,年平均降水量达 700 毫米以上,西部丘陵区年平均降雨量为 650 毫米,地面蒸发量随着地势的差异,由东向西北递增,降水与蒸发量成相反的变化,即降雨量大的地区蒸发量则小,降雨量小的地区蒸发量反而增大,由此产生了地势高降雨量大蒸发量小,气候则显得湿润凉爽;地势低降雨量小,蒸发量大,则显得干燥的状况。

三、生物资源概况

(一)植物资源

亚布力国家森林公园森林茂密,植物种类丰富,约有植物 1400 种,主要代表为温带阔叶混交林。植物区系主要由满洲植物区系、蒙古植物区系、东西伯利亚植物区系和华北植物区系及其共有成分构成,区系成分丰富。地带性植物是以三大硬阔和红松为代表的针阔混交林。主要林型为针阔混交林、阔叶混交林及杨桦林三大类型。单属科和单种属较多,突出了植物区系的代表性的特点。目前 763 种植物多数种的区系性质属于温带,少数属于寒温带。其中,蕨类植物 7 科 26 属 45 种,裸子植物 1 科 4 属 7 种,被子植物 86 科 324 属 744 种。代表性木本植物主要有水曲柳、白桦、胡桃楸、红松、冷杉、落叶松、杨、蒙古栎、椴等;林下灌木有毛榛、榛子、胡枝子、茶条槭和卫矛等;藤本植物主要有五味子、山葡萄、狗枣猕猴桃、软枣猕猴桃等;草本植物主要有小叶章、提灯藓、黄花萱草和十几种蕨菜;药用植物主要党参、杜鹃等。

(二)动物资源

亚布力国家森林公园所在地山高林密,水草肥美,地形复杂,孕育着丰富的野生动物资源。调查发现有兽类 49 种、鸟类 167 种、爬行类 5 种、两栖类 9 种共 230 种。其中属国家 I 级保护动物有东北虎、紫貂、白鹳、黑鹳、中华秋沙鸭及金雕 6 种;属国家 II 级保护动物有猞猁、黑熊、棕熊、黄喉貂、水獭、原麝、马鹿、鸳鸯、鸮、花尾榛鸡等 27 种。爬行类资源中以棕黑锦蛇和短尾蝮蛇的数量较多。两栖类中主要有东北小鲵、中华蟾蜍、花背蟾蜍、中国林蛙和黑龙江林蛙等。

四、社会经济概况

(一)历史沿革

亚布力原名"亚布洛尼",即俄语"果木园"之意,清朝时期曾是皇室和贵族的狩猎围场。1992 年,国家旅游局将黑龙江省列入"冰雪风光游"专项旅游产品中;作为我国目前最大的滑雪训练基地,已多次成功地举办全国性的冬季运动会,特别是 1996 年亚洲冬季运动会和 2009 年冬季世界大学生运动会的成功举办,为其发展带来了重要的机遇,使规划区的基础设施建设有了很大提升,区域经济快速发展。

随着近几年滑雪旅游越来越受广大群众的喜爱,亚布力将滑雪旅游市场目标定位于中低档收入的消费群体,充分利用区域内竞技比赛场地及配套设施,积极满足全民健身活动的要求,使滑雪运动逐渐向工薪阶层推广,有力地促进全民健身活动的深入开展。

(二)社会经济

2014 年尚志市国内生产总值为 219.8 亿元,同比增长 10.0%,其中:第一产业增加值实现 44.2 亿元,对经济增长的贡献率为 17.7%;第二产业增加值实现 83.7 亿元,对经济增长的贡献率为 39.2%;第三产业增加值实现 91.9 亿元,对经济增长的贡献率为 43.1%。工业经济的主导作用明显增强,初步形成了食品、医药、冶金、建材、木制品、纺织等六大支柱产业,以旅游产业为重点的第三产业迅速发展,并成为主导产业。

亚布力国家森林公园内居民点主要集中在青山村和青山经营所。据 2014 年底统计,青山村、青云经营所共有常住人口 2044 人,主要从事营林生产和多种经营工作。营林生产是以造林、天然林抚育为主,多种经营则以种、养、采、加工、服务、运输、旅游业为主。

亚布力通过举办重大国际雪上赛事和国内的重大比赛闻名世界。这里还是中国企业家年会的永久会址,被誉为"中国的达沃斯",在国际上的影响力和号召力不断扩大。2014 年共接待游客 38 万,旅游收入 7786 万元,亚布力滑雪场是我国目前最大的集接待滑雪旅游和滑雪运动训练比赛的综合性滑雪场。

表 2-1　亚布力风景名胜区近五年接待游客数量与收入情况统计

年度	接待人数(万人)	其中接待国外游客人数(万人)	营业收入(万元)
2010	28.5	0.57	5625.00
2011	30.7	0.61	6174.00
2012	33.0	0.67	6758.00
2013	36.1	1.10	7239.00
2014	38.0	1.14	7786.00

通过 2010 年至 2014 年五年的数据统计,来滑雪区旅游的游客数量保持每年 7%的增长,旅游收入平均年增长率为 8%。滑雪旅游是带动整个地区经济发展的支柱产业,随着滑雪场等级的不断提高、配套设施的完善,会吸引更多的

游客参与到滑雪这项运动。同时通过对规划区的开发建设,必将带动其他季节的旅游发展,增加经济收入。

(三)基础设施概况

亚布力国家森林公园内各企业及宾馆酒店的供水水源为园区的净水厂供应,净水厂供水能力5000立方米/天,水处理工艺采用冬季处理低温低浊原水处理工艺,已达到国际用水标准。

青云经营所内居民供水水源为日月湖水库经沉淀消毒处理,供水能力1000立方米/天。

目前森林公园部分地区已经铺设了排水管网,主要集中于大冬会场馆区和旅游度假区,现状地下排水管道2600米。镇内现有污水处理厂1座,设计处理能力0.26万立方米/天。该污水处理厂采用二级处理工艺,选用循环式活性污泥法,污水经处理后排入黄泥河,最终汇入蚂蚁河,出水水质达到一级B排放标准,可用于农田灌等。

亚布力国家森林公园内建有广播电视中心一座,广播电视中心南邻亚雪公路,设有客房109间,中、小型会议室6个,400平方米的演播室兼会议室一个。采用高清电视技术,对赛事进行直播,极大地提高了电视信号质量。

风景区内的运动服务中心区2008年已实行集中供热,以燃煤为燃料。风景区目前实行分散供热,风景区内各单位、企业建有数台小锅炉,大部分平房为土暖气、火墙、火炕取暖。

亚布力国家森林公园垃圾处理工程位于风景区外北部,可利用面积10公顷。该工程包括生活垃圾处理厂、垃圾收集清运系统及环卫附属设施,建设规模为日处理生活垃圾70吨。采用卫生填埋方式,通过垃圾堆放、铺平、碾压覆土、再碾压、喷药的填埋过程,最终对整个填埋场进行封场绿化,实现土地再利用。

为了承接2009年世界大学生冬季运动会以及满足城镇的未来发展,城镇公用工程设施进行了不断地完善与改造。规划区通过亚雪公路与301国道相连,极大地加强了对外交通联系。

第二节　资料收集与数据预处理

一、资料来源

本研究以 2014 年完成的青云林场和宝山林场森林资源二类调查小班数据为主要数据源,以青云林场和宝山林场 1∶2.5 万林相图为底图,借助地理信息系统软件,建立以小班为基本矢量化单元的亚布力森林公园森林资源空间数据库。数据库主要信息有林班(编号)、小班(编号)、面积、地类、林权、立地类型、林种、起源、优势树种、树种组成、平均年龄、龄级、平均直径、平均树高、郁闭度、小班蓄积、公顷蓄积、公顷株数、土壤亚类、土壤质地、土层厚度、下木种类、地貌、坡位、坡向、坡度、海拔、森林分区等。

其他数据有青云林场和宝山林场矢量化的等高线和亚布力国家森林公园总体规划文本资料(2005 年—2015 年)。

二、野外数据调查

为了解研究区基本概况,提高对亚布力国家森林公园森林景观的认识,定义景观并为划分景观类型做准备,2014 年 7 月 5 日—30 日采取路线调查法进行了实地调查。调查对象为森林景观,在不同林分下共设置了 54 块样地,样地面积大小为 20 米×30 米,其中包含灌木样方、草本样方各 270 个,其中灌木样方大小 5 米×5 米,草本样方大小 1 米×1 米。

样地采用全球定位系统定位,调查样地内容,如海拔、坡度、坡向、坡位、林龄结构、林分郁闭度、灌木总盖度、草木总盖度等。植被调查,对胸径>4 厘米的乔木进行每木检尺,记载其树种、胸径、树高、冠幅和生长状况(腐倒木、枯立或正常),对林内灌木及草本植物,分别记载其种类、多度、盖度、平均高度、株数、小生境状况(如生长于倒木上或林窗内等)。记载凋落物的厚度。同时在样方内取土壤样品,带回分析其理化性质。森林病虫害发生程度数据通过向有关部门搜集获取。同时记录旅游景点道路建设等人类活动痕迹的概况。

数据资料的收集整理及野外核对调查工作为本研究奠定了基础。通过实地调查发现,亚布力国家森林公园森林分布有着明显的空间分布差别,这种差别主要受地形地貌、气候等自然条件和人为因素的综合影响,其具体景观组成、结构和空间分布情况,本研究需要进一步定量化研究和讨论的问题。

三、数据处理

(一)图像拼接

图像拼接就是将两张或两张以上具有共同边界或具有相同重叠区域的图像,经过特征匹配等一系列的处理构成一幅较大的无明显拼接痕迹的图像技术。① 亚布力国家森林公园位于青云林场和宝山林场两个林场之间,所以事先用图片处理软件对青云林场和宝山林场林相图、等高线图进行拼接,使之成为一张新的分辨率较高栅格数据图,为栅格数据配准奠定基础。

(二)数据配准

栅格数据通常是通过扫描纸质地图或采集航空及卫星照片获得。通过扫描获取的影像不包含定义其地理空间位置所需的信息。而航空及卫星照片所使用的坐标系统是相对于通用地理信息系统平台软件所使用的坐标系统是独立的。为了能够将这些影像数据与其他的数据集成,以便进行分析,就必须对其进行处理,需要事先将这些数据校准(配准)到一个指定的地图坐标系。根据纸质图像信息,本研究采用空间坐标系统采用高斯——克吕格投影,Beijing_1954_GK_Zone_22N 坐标系,野外使用麦哲伦手持 GPS610 定位观测数据进行配准、几何校正。

几何精校正的方法有三角形线性法、多项式法等。采用多项式法进行栅格图像校正时,对地面控制点的数量和分布均有要求,它要求地面控制点在图像中尽可能均匀分布,并要求边缘和四角均要有地面控制点分布,对二元 n 次多项式来说,地面控制点数量为 N=(n+1)(n+2)/2,这是满足要求的最基本的地面控制点数量。对二元 2 次式来说,至少需要 6 个控制点。经过空间位置变

---

① 王娟,师军,吴宪祥.图像拼接技术综述[J].计算机应用研究,2008,25(7):1940-1943.

换后的图像像元位置将发生变化，新位置像元的灰度值就要通过重采样手段来解决。重采样方式有：最邻近法，双线性插值法、立方卷积插值法等。一般认为，最邻近法有利于保持原始图像中的灰级，但对图像中的几何结构损坏较大。后两种方法虽然对象元值有所近似，但在很大程度上保留了图像原有的几何结构，如道路网、水系、地物边界等信息。① 本研究采用立方卷积插值法完成像元重采样。

当 RMS 值都小于等于 1 时，控制点的精度控制在一个像素大小上，几何校正效果较好。综合考虑栅格图像及研究区情况，本研究中采用三次卷积内插法，误差可以控制在 1 个像元内，符合精度要求。

RMS 误差（均方根）是 GCP 的输入（原）位置和逆转换的位置之间的距离，它是在用转换矩阵对一个 GCP 作转换时所期望输出的坐标与实际输出的坐标之间的偏差。

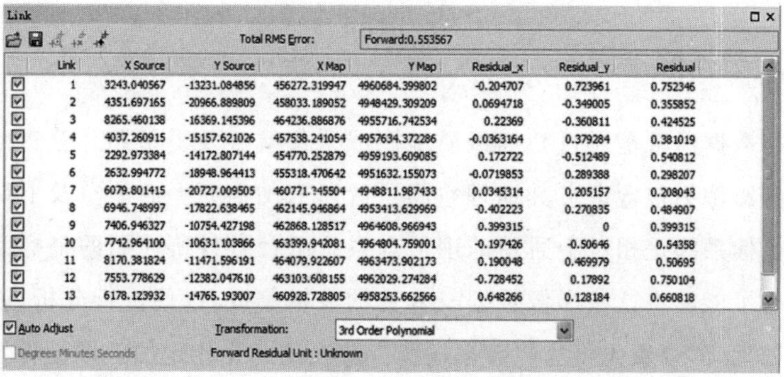

Link	X Source	Y Source	X Map	Y Map	Residual_x	Residual_y	Residual
1	3243.040567	-13231.084856	456272.319947	4960684.399802	-0.204707	0.723961	0.752346
2	4351.697165	-20966.889809	458033.189052	4948429.309209	0.0694718	-0.349005	0.355852
3	8265.460138	-16369.145396	464236.886876	4955716.742534	0.22369	-0.360811	0.424525
4	4037.260915	-15157.621026	457538.241054	4957634.372286	-0.0363164	0.379284	0.381019
5	2292.973384	-14172.807144	454770.252879	4959193.609085	0.172722	-0.512489	0.540812
6	2632.994772	-18948.964413	455318.470642	4951632.155073	-0.0719853	0.289388	0.298207
7	6079.801415	-20727.009505	460771.245504	4948811.987433	0.0345314	0.205157	0.208043
8	6946.748997	-17822.638465	462145.946864	4953413.629969	-0.402223	0.270835	0.484907
9	7406.946327	-10754.427198	462868.128517	4964608.966943	0.399315	0	0.399315
10	7742.964100	-10631.103866	463399.942081	4964804.759001	-0.197426	-0.50646	0.54358
11	8170.381824	-11471.596191	464079.922607	4963473.902173	0.190048	0.469979	0.50695
12	7553.778629	-12382.047610	463103.608155	4962029.274284	-0.728452	0.17892	0.750104
13	6178.123932	-14765.193007	460928.728805	4958253.662566	0.648266	0.128184	0.660818

图 2-1　栅格图像几何校正结果

图 2-1 中给出了每个点的 RMS 误差，由距离方程式计算：

$$R=\sqrt{X_{Ri}^2+Y_{Ri}^2} \tag{2-1}$$

其中 R_i 为 GCP_i 的 RMS 误差，X_{Ri} 为 GCP_i 的 X 残差，Y_{Ri} 为 GCP_i 的 Y 残差。

$$R_x=\sqrt{\frac{1}{n}\sum_{i=1}^{n}X_{R_i}^2} \tag{2-2}$$

$$R_y=\sqrt{\frac{1}{n}\sum_{i=1}^{n}Y_{R_i}^2} \tag{2-3}$$

---

① 邓书斌. ENVI 遥感图像处理方法[M]. 科学出版社，2010.

$$T = \sqrt{R_x^2 + R_y^2} \tag{2-4}$$

T 为总 RMS 误差。对每景影像,不仅要验证每个地面控制点的 RMS 误差 R_i,而且要验证总的 RMS 误差 T。如果 RMS 误差没有达到所要求的精度,重复几何精校正的步骤,直至精度满足要求为止。通过 2-1、2-4 公式的计算,得出控制点的单点误差必须保证在 1 个像元左右,所有控制点的均方根误差也必须保证在 1 个像元左右。表 1 中控制点的单点误差和总的误差都在 1 个象元以内,因此校正误差满足精度要求。

(三)确定研究区域边界

亚布力国家森林公园地处青云和宝山 2 个林场之间,所以首先要把研究区域的边界给确定下来。用上面同样的方法,根据已经校正过的栅格图像来配准亚布力风景名胜区规划图中的边界图,以确定亚布力国家森林公园在林相图中的边界及包含的小班数量。校正完亚布力国家森林公园边界图之后,建立 Shapefile 面层边界矢量文件,对边界进行矢量化。

(四)矢量化小班及等高线

建立小班面层文件,根据矢量化后的亚布力国家森林公园边界图层,跟踪矢量边界范围之内的小班图层,建立亚布力国家森林公园森林资源小班图层矢量文件。用同样的方法,建立等高线图层,矢量化亚布力国家森林公园边界范围之内的等高线,建立亚布力国家森林公园等高线矢量文件。

(五)建立属性表及输入小班、等高线属性值

根据 2014 年青云和宝山林场森林资源小班调查数据,在亚布力国家森林公园森林资源小班图层矢量文件中建立相对应的字段,然后把亚布力国家森林公园边界内包含的小班名称和青云、宝山林场森林资源小班名称一一对应起来,并把小班数据输入到亚布力国家森林公园森林资源小班图层矢量文件中。用同样的方法,给亚布力国家森林公园等高线矢量文件输入等高线数据值。

第三节　数字高程模型建立

一、数字高程模型原理

数字地形模型是描述地表单元空间位置和地形属性分布的有序集合,以某一地理范围内地形数据为基础,经数学变换,将地形、地物以三维形式表示在二维空间上,数学表达式为 $z=f(x,y)$。数字地形模型是用一组有序数值阵列形式表示地面高程的一种实体地面模型,是数字地形模型的一个分支,其他各种地形特征值均可由此派生。一般认为,数字地形模型是描述包括高程在内的各种地貌因子,如坡度、坡向、坡度变化率等因子在内的线性和非线性组合的空间分布,其中数字地形模型是零阶单纯的单项数字地貌模型,其他如坡度、坡向及坡度变化率等地貌特性可在数字地形模型的基础上派生。

二、数字地形模型的建立

在地理信息系统中,建立数字地形模型主要有三种表示模型:等高线模型、规则格网模型和不规则三角网模型。

(一)等高线模型

等高线模型表示高程值的集合,每一条等高线对应一个已知的高程值。等高线模型在地学领域有着广泛的应用。等高线通常被存储成一个有序的坐标点序列,可以认为是一条带有高程值属性的简单多边形或多边形弧段。由于等高线模型只是表达了区域的部分高程值,往往需要一种插值方法来计算落在等高线以外的其他点的高程,又因为这些点是落在两条等高线包围的区域内,所以,通常只要使用外包的两条等高线的高程进行插值。由等高线法建立的数字地形模型数据精度,往往需要进一步验证。

(二)规则格网模型

规则格网模型是一种地理数据模型,它将地理信息表示成一系列的按行列排列的同一大小格网单元,每一栅格单元由其地理坐标来表示。规则格网模型拓扑关系简单,算法易实现,某些空间操纵及存储方便;不足的地方是占用较大的存储空间,不规则的地面特征与占用较大的存储空间,不规则的地面特征与规则的数据表示间存在不协调;不能准确表示地形的结构和细节。

(三)不规则三角网模型

不规则三角网模型是由分散的地形点按照一定的规则构成的一系列不相交的三角形,它是高效的存储,数据结构简单,与不规则的地面特征和谐一致,可以表示细部特征和叠加任意形状的区域边界,但不规则三角网模型取的实现比较杂。

建立数字地形模型的方法有多种。从数据源及采集方式讲有:①直接从地面测量,例如用全球定位系统、全站仪、野外测量等;根据航空或航天影像,通过摄影测量途径获取,如立体坐标仪观测及空三加密法、解析测图、数字摄影测量,等等;②从现有地形图上采集,如格网读点法、数字化仪手扶跟踪及扫描仪半自动采集然后通过内插生成数字地形模型等方法。数字地形模型内插方法很多,主要有分块内插、部分内插和单点移面内插三种。目前常用的算法是通过等高线和高程点建立不规则的三角网然,后在不规则三角网模型基础上通过线性和双线性内插建数字地形模型。

本研究采用亚布力森林公园的等高线图和野外测量的高程点数据,进行矢化,建立不规则三角网模型,转化成数字地形模型。

三、数字地形模型的精度检验

影响数字地形模型精度的因素很多,主要误差来源有图纸变形误差、扫描误差、数字化过程产生的误差、图幅拼接误差、内插误差等。地形图的好坏直接影响数字地形模型成果的精度。克服图纸的变形误差,要选用保存完好的地形图,扫描过程中应尽量保持图纸的平整。另外,储存格式也会影响到图像的分辨率和图像信息,在扫描过程中使用分辨率高的 TIF 的格式存储在计算机中。

本研究采用中误差法对流域数字地形模型的精度进行检查和评价。首先,将检查点按格网或任意形式进行分布,将这些点的内插高程和实际高程逐一比较得到各个点的误差,然后计算二者之间的误差。同时也可以利用数字地形模型数据绘制等高线,和原等高线进行比较。这些方法简单易行,是实际生产中一种最常用的方法。

设检查点的高程为式 $E_i(i=1,2,3,\cdots,n)$,在建立数字地形模型之后,由 DEM 内插出这些点的高程为 R,则该点数字地形模型的中误差 σ 为:

$$\sigma = \sqrt{\frac{1}{n}\sum_{i=1}^{n}(R_i - E_i)^2} \qquad (2-5)$$

多个点的平均中误差 $\bar{\sigma}$ 为:

$$\bar{\sigma} = \frac{1}{n}\sum_{i=1}^{n}\sigma_i \qquad (2-6)$$

为了分析亚布力森林公园数字地形模型的精度,在整个数字地形模型图上随机均匀选取了 28 个点,对图幅内和图幅边缘进行检查,检查其中误差和平均中误差,计算出 28 个点的平均误差为 4.3 米,符合国家测绘局规定丘陵山地地区数字地形模型的中误差小于 7 米的要求。

四、环境地形因子提取

森林植被的空间分布格局受光、热、水、土等自然因素和人类活动的影响,会表现出一定的规律性。地形本身并不直接对植被产生作用,地形对森林的影响是通过对光照、水分和养分等生态因子的影响而间接产生的。尤其在较小的地域范围内,地形对植被分布的影响更大。其中,海拔高度、坡向、坡度、地貌类型等最为显著。地形变化是决定植被分布格局的重要因素。

在植物生态学研究过程中,很多研究者忽视了地形因子的重要作用,而没有受到足够的重视。而景观尺度上的大量研究表明,地形是环境时空异质性的主要来源,地形梯度的各个方面对光、热、水、养分等植物生态因子梯度具有潜在的表征意义,而且不同地形部位往往与不同的景观生态过程和植被干扰体系相对应。与此同时,地形还是景观尺度上最直观、最易获取的可定量、定位环境特征。

根据矢量化的亚布力等高线图,在 ArcGIS 中生成不规则三角网模型,然后生成数字地形模型图,对数字地形模型图进行重新分类,得到海拔高程图;对数字地形模型图进行坡向、坡度等因子提取,分别得到坡度图和坡向图。把亚布力森林景观分类图与数字地形模型、坡向图和坡度图进行空间叠加分析,建立亚布力森林公园景观类型空间数据库,进而分析地形因子对景观格局的影响。本研究环境因子划分以国家地形划分标准(1986)为基础,结合其他学者的划分方法,根据研究数据现有情况以及研究目的的需要,制订环境因子分级(表2-2)。

表 2-2 地形因子分级表

级别	海拔	坡度		方位角	坡向
1	0—200	平坡	0°—5°	0°—22.5°,337.5°—360°	北坡
2	200—400	缓坡	5°—15°	22.5°—67.5°	东北坡
3	400—600	斜坡	15°—25°	67.5°—112.5°	东坡
4	600—800	陡坡	25°—35°	112.5°—157.5°	东南坡
5	800—1000	急坡	35°—45°	157.5°—202.5°	南坡
6	1000—1200	险坡	>45°	202.5°—247.5°	西南坡
7	1200—1370			247.5°—292.5°	西坡
8				292.5°—337.5°	西北坡
9				0°	无坡向

根据参考文献,该研究把9个坡向合并成阴坡(北坡和东北坡)、半阴坡(西北坡和东坡)、半阳坡(东南坡和西坡)、阳坡(南坡和西南坡)和无坡向5个坡向组。

(一)高程数据重分类

海拔既高程,对植物的地带性分布有显著影响。根据矢量化的亚布力等高线图,在ArcGIS中利用3D Analyst工具生成不规则三角网模型,再转化生成数字地形模型图,对数字地形模型图进行重新分类,得到亚布力森林公园高程分类图。

(二)坡度数据提取

坡度是地形描述的主要因素,是对地表倾斜的程度显示。坡度影响了地面物质的流动和能量转换的程度,对植被空间布局产生制约作用。

(三)坡向数据提取

温度是森林植被生长的主要限制因素之一,而坡向是决定热量在不同区域分配的一个非常直观的地形因素。在 ArcGIS 中利用 Surface Aspect 工具提取坡向,通过空间叠加工具,把森林景观类型图与高程图、坡度图和坡向图进行空间叠加,得到亚布力森林公园景观类型空间数据库。

本章小结

　　本章介绍了亚布力国家森林公园的地理位置、自然环境及社会经济条件；根据等高线矢量数据建立了亚布力森林公园的数字地形模型、数字高程模型，并对数字高程模型进行了精度检验，检验结果符合要求，根据数字地形模型数字高程，对数字地形模型、坡向图、坡度图进行了重新分类。以上数据的处理为进行亚布力森林公园内森林景观植被格局信息提取，为进行森林景观格局分析及尺度效应研究提供必要的实验和参照数据。

第三章

亚布力森林公园景观空间格局分析

　　景观格局是指景观的空间结构特征,包括景观组单元的类型、数目以及空间分布与配置。景观格局及其变化是自然和人为多种因素相互作用所产生的一定区域生态环境体系的综合反映。森林景观格局是性质、大小和形状各异的森林景观镶嵌体在空间上的组合和排列形式。森林景观格局的形成主要受景观斑块自身属性、景观的组织结构、区域地形因素三方面影响。对森林景观进行研究的目的是揭示森林景观组成、结构、功能、相互影响等基本规律和调控手段,同时采用科学的规划设计对景观实现生态保护、恢复、建设和管理。

　　景观格局分析方法主要采用数量研究方法。该方法为建立景观结构与功能过程的相互关系,以及预测景观变化提供了有效手段。近年来,随着地理信息系统技术的成熟,将景观格局分析软件与地理信息系统分析相结合的方法得到广泛运用。[①] 在景观格局研究中,多是采用景观指数或国外开发的计算机软件包,如 Spans、Le、Lspa、Fragstats 等,其中以 Fragstats 功能最强、使用最广。这些软件可以和地理信息系统联合使用,通过地理信息系统的空间分析,可以分析出森林景观各斑块类型的转移、变化,并且将这些变化数据落实到每个小班上,在空间上形象地显示出来,从而通过森林景观空间格局,揭示森林景观受环境因素的影响情况,为森林景观生态规划和管理提供理论依据,对认识区域生态安全格局具有重大意义。

　　本章借助地理信息系统和 Fragstats 软件,计算并分析亚布力风景区森林景观相关特征指数以及地形因素对森林景观指数的影响,以期为亚布力风景区

---

　　①　周启刚,张叶.基于 RS 和地理信息系统的成都市郊区景观格局分析[J].土壤,2007,39(5):813−818.

森林生态系统的管理、合理利用、景观规划和保护提供科学依据。

第一节　研究方法及数据处理

一、景观分类

　　景观要素的划分是开展森林景观生态研究,揭示森林景观格局、生态功能和动态过程的基础。我国植被分类在吸收国际上主要植被分类系统的经验中,提出群落综合特征分类。植被分类方法主要包括种类组成、外貌结构特征、生态地理特征等,提出了植被型、群系组、群丛三个等级。

　　本研究根据亚布力森林公园森林资源二类调查数据,在林场、林班两个尺度范围内选用土地覆盖类型、优势树种组两个因子进行森林景观分类,如果要考虑人为经营活动(人工造林)的影响,则需要加入起源和龄组因子。因此,为了全面客观地反映景观特点,根据亚布力森林公园的土地利用现状、经营活动目的,采用了二级分类系统。

　　在 ArcGIS 软件中对亚布力森林公园林相图矢量文件进行分类与编码,具体的景观要素分类见表 3-1 和表 3-2。

表 3-1　一级土地覆盖类型编码

代码	土地覆盖类型	包含内容
1	有林地	有林地
2	疏林地	疏林地
3	灌丛林地	灌木林地、灌丛地
4	未成林造林地	未成林造林地
5	苗圃地	苗圃地
6	宜林地	宜林荒山荒地、荒山荒地、其他宜林地
7	农地	农牧用地
8	沼泽地	沼泽地

续表

代码	土地覆盖类型	包含内容
9	水域	河流、湖泊
10	基础设施建设用地	林业设施用地
11	居民用地	房屋建筑

表 3-2　二级优势树种代码

代码	优势树种	代码	优势树种
1	落叶松	10	白桦
2	红松	11	枫桦
3	樟子松	12	人工杨
4	云杉	13	山杨
5	冷杉	14	胡桃楸
6	椴树	15	榆树
7	柞树	16	阔叶混交林
8	色木	17	针叶混交林
9	水曲柳	18	针阔混交林

二、景观要素与环境地形因子的空间叠置

根据第二章建立的亚布力森林公园数字地形模型,分别提取坡向和坡度图,并对数字地形模型、坡向和坡度图在 ArcGIS 中进行重新分类处理,由栅格数据转化为矢量数据。分别对重新分类后的矢量数据与一级景观类型和二级景观类型进行空间等级叠置处理,分别统计叠加后的不同高程、坡向和坡度的景观类型面积,进行空间分析。

三、景观指数选取

Fragstats 是目前应用最为广泛的景观指数计算软件。Fragstats 软件有两个版本:矢量版和栅格版。矢量版接受的是 Arc/Info 的 coverage 格式,而栅格版可接受 ArcGrid、ASCII、8/16 bit binary image、Erdas image 或 Idrisiimage 等格式。两个版本的区别在于:①栅格版本可以计算最近距离、邻近指数和蔓

延度,而矢量版本不能;②对边缘的处理,由于格网化的地图中,斑块边缘总是大于实际边缘,因此栅格版本在计算边缘参数时会产生误差,这种误差依赖于网格的分辨率。本研究使用 Fragstats3.3 版本,在景观要素类型水平和景观水平两个层次上对景观结构进行分析。

(一)景观要素斑块特征的分析

斑块是景观格局的基本组成单元,指在性质上或表面上与周围环境明显不同的区域。景观要素是指研究地区可分辨的相对同质的景观单元。斑块特征(数量、面积与周长)是研究景观要素特征,进行景观分析的主要参数之一,它影响着景观中的物种动态、潜在环境、潜在林产品、能量、养分和水流等生态特征与过程。对景观中斑块大小及分布规律的研究,能够为景观水平的生物多样性保护提供理论依据。斑块特征分析的研究是景观生态学研究中的基础问题之一。景观要素的斑块特征对景观整体结构与功能具有重要控制作用。景观要素斑块特征主要包括景观要素斑块规模、景观要素斑块形状和景观要素斑块边界特征等。

1. 景观要素斑块规模

不同景观要素的斑块规模大小,对斑块内部及斑块之间的物质和能量交换、斑块稳定性与周转率、斑块的生物多样性等都有重要影响。由于斑块大小影响斑块内部生境面积和边缘面积的关系,进而对以某种景观要素斑块为栖息地的物种种群数量和生态行为产生影响。直接反映景观中某一景观要素斑块规模的指标是斑块面积。

斑块面积包括类斑平均面积、最大斑块面积、最小斑块面积、类斑面积标准差及变动系数。

(1)类斑面积(CA)

$$CA = \sum_{j=1}^{n} a_{ij} \left(\frac{1}{10000} \right) \tag{3-1}$$

该公式中,a_{ij} 表示第 i 类型斑块中所有斑块的面积之和(平方米),除以10000 后转化为公顷,即某斑块类型的总面积;n 为景观中该斑块类型的数目。

类斑面积能反映景观的组成情况,是度量其他景观指标的基础参数。类斑面积数值的大小决定着以此类型斑块作为聚居地物种的丰富度、数量范围及食物链等,如许多生物适应其聚居地而需求的最小面积是其生存基本条件之一;不同景观类型面积的大小能够反映出其间物种、能量和养分等信息流的差异程度。

(2)类斑平均面积

$$MPS = \frac{\max\limits_{j=1}^{n}(a_{ij})}{n_i}\left(\frac{1}{10000}\right) \tag{3-2}$$

该公式在斑块级别上等于某一拼块类型的总面积除以该类型的拼块数目;在景观级别上等于景观总面积除以各个类型的拼块总数。在景观级别上,一个具有较小类斑平均面积值的景观比一个具有较大类斑平均面积值的景观更破碎,同样在拼块级别上,一个具有较小类斑平均面积值的拼块类型比一个具有较大类斑平均面积值的拼块类型更破碎。研究发现,类斑平均面积值的变化能反馈更丰富的景观生态信息,它是反映景观异质性的关键。

(3)最大和最小斑块面积

最大和最小斑块面积是景观中某类景观要素最大和最小斑块的面积,反映该类景观要素斑块规模的极端情况。

$$CA_{i\ max} = Max(CA_{ij}),j=1,2,3,\cdots N_i \tag{3-3}$$

$$CA_{i\ min} = Min(CA_{ij}),j=1,2,3,\cdots N_i \tag{3-4}$$

(4)斑块个数(NP)

$$NP = n_i \tag{3-5}$$

该公式中,n_i表示景观中斑块类型 i 的斑块数量。

该公式是用来反映某一景观类型范围内景观分离度与破碎性的指标。该指标随各因子的变化趋势比较稳定,只在相对面积系列和类型数目系列的类型水平上出现了峰值。

(5)景观百分比(PLAND)

$$PLAND = \frac{\sum\limits_{j=1}^{n}a_{ij}}{A}(100\%) \tag{3-6}$$

景观百分比等于某一斑块类型的总面积占整个景观面积的百分比。其比值趋于 0 时,说明景观中此类型变得十分稀少;其比值等于 100 时,说明整个景观只由一类斑块组成。景观百分比度量的是某一斑块类型占整个景观面积的比例，是影响景观中的生物多样性、优势种及数量等生态系统的重要指标。

（6）最大斑块指数（LPI）

$$LPI = \frac{\max\limits_{j=1}^{n}(a_{ij})}{A}(100) \tag{3-7}$$

最大斑块指数指整个景观被大斑块占据的程度，简单表达景观优势度，指数越大，优势越明显。其值的大小决定着景观中的优势种、内部种的丰富度等生态特征；其值的变化可以改变干扰的强度和频率，反映人类活动的方向和强弱。

（7）斑块面积标准差（PSSD）

$$PSSD = \sqrt{\frac{\sum\limits_{i=1}^{m}\sum\limits_{j=1}^{n}\left[a_{ij} - \left(\frac{A}{N}\right)\right]^2}{N}}10^6 \tag{3-8}$$

该公式是每一斑块面积与平均斑块面积之差的平方总和除以斑块总数，然后开方，转化成平方千米。当斑块大小一致或者只有一个斑块时，PSSD＝0。该公式用于描述斑块的分散程度，变动大小。

2. 斑块要素形状指标分析

斑块形状指标是描述景观的重要因子，斑块的形状影响到生物的迁徙、内部种与边缘种的多少、廊道的宽度，也影响到多种景观功能，是景观分析过程中一个很重要的指标。这些指标多以圆形或方形作为标准形状或称基准形状，通过相同周长的面积、相同面积的周长、最小外接圆面积、最大内切圆面积等与现实斑块对应指标的对比关系构造定量指标，用以定量描述现实生态系统或空间客体的形状偏离标准形状的程度，反映其形状的复杂性。

（1）景观要素斑块形状指数（Land Shape Index，LSI）

它是景观中所有斑块边界的总长度（米）除以景观总面积（平方米）的平方根，再乘以正方形较正常数。

$$LSI = \frac{0.25E}{\sqrt{A}} \tag{3-9}$$

该公式中，E 为景观中所有斑块边界总长度，A 为景观总面积。景观要素斑块形状指数用于描述和比较斑块的几何形状特征,其取值一般大于或等于1,无上限。当景观中只有一个正方形斑块时,其取值等于1;当景观中斑块形状不规则或偏离正方形时,景观要素斑块形状指数值增大。景观形状及大小对景观能量与养分,对物种的多样性等均有较大影响。分析景观形状有助于对景观结构和形状的调节。

(2)分维数(FD)

分析几何中不规则几何图形的分维数,可以反映空间实体几何形状的不规则性。

$$\text{FD} = 2\frac{\log(\frac{P}{4})}{\log(A)} \tag{3-10}$$

该公式中,P 为斑块周长,A 为斑块面积。分维数用来测定景观斑块形状的复杂程度,定量阐明景观格局特征。即有两方面的物理意义:分维数越趋近于1,则斑块的几何形状越趋向于简单,斑块形状越规则,表明受环境干扰的程度越大;分维数越趋近于2,则斑块的几何形状越趋于复杂,斑块由高度复杂的形状组成。

分维数用来描述景观格局整体特征的重要指标,分维数反映的是斑块的形状和面积之间的关系,能够测定出景观斑块周边形状的复杂程度。分维数不仅可以表明斑块的复杂程度,而且可以用来度量景观要素的不同分布格局。

(3)边缘总长度(TE)

边缘总长度指景观中所有斑块边界总长度(米)。斑块周长是景观结构信息的一个基本指标。分布特征是景观格局的主要方面,同时它与斑块面积之间的关系又是形状指数的参数,公式为:

$$\text{TE} = \sum_{k=1}^{m} e_{ik} \tag{3-11}$$

该公式中,e_i 为景观中斑块类型 i 的总边缘长度。

(二)景观异质性指标

异质性是景观的重要属性,定量描述景观异质性在景观生态学研究中常常是必需的。景观异质性可以通过景观斑块密度、景观边缘密度和景观破碎化等指标来分析。其中斑块密度、边缘密度既可以反映景观整体异质性,也可以表征某一类景观要素斑块在景观整体异质性中的表现。景观多样性指数仅能反映景观总体的属性,与群落生态学研究中一样,它对研究整体的空间尺度及分类单位的确定也十分敏感,在做不同景观的横向比较时应有较严格的条件限制。

1. 景观边缘密度

景观边缘密度包括景观总体边缘密度(或称景观边缘密度)和景观要素边缘密度(或称类斑边缘密度)。景观边缘密度(ED)是指研究景观范围内单位面积上异质景观要素斑块间的边缘长度。景观要素边缘密度(EDi)是指研究对象单位面积上某类景观要素斑块与其相邻异质斑块之间的边缘长度。

$$ED = \frac{1}{A} \sum_{i=1}^{m} \sum_{j=1}^{m} P_{ij} \qquad (j \neq i) \qquad (3\text{-}12)$$

$$ED_i = \frac{1}{A} \sum_{i=1}^{m} P_{ij} \qquad (j \neq i) \qquad (3\text{-}13)$$

该公式中,P_{ij} 是景观中第 i 类景观要素斑块与相邻第 j 类景观要素斑块间的边界长度。

景观边缘密度表示单位面积上的边缘长度值大,景观被边界割裂的程度高;反之,景观保存完好,连通性高。因此,该指标揭示了景观或类型被边界的分割程度,是景观破碎化程度的直接反映。

2. 景观斑块密度

斑块密度包括景观斑块密度(PD)和景观要素斑块密度(PDi)。景观斑块密度是指景观中包括全部异质景观要素斑块的单位面积斑块数。景观要素斑块密度是指景观中某类景观要素的单位面积斑块数。景观斑块密度反映景观整体斑块分化程度,斑块密度指数越大,破碎化程度越高,景观异质性越高。当斑块密度指数按景观要素类型分别统计时,通过比较分析可以说明不同景观要素在景观空间结构中的作用和特点,可以研究不同类型景观的破碎化程度及整个景观的景观破碎化状况,从而识别不同景观类型受干扰的程度。

$$PD = \frac{1}{A} \sum_{j=1}^{m} N_i \qquad (3\text{-}14)$$

$$PD_i = \frac{N_i}{A_i} \qquad (3\text{-}15)$$

该公式中,m 为研究范围内某空间分辨率上景观要素类型总数(下同),A 为研究范围内景观总面积。

(三)景观要素空间相互关系分析

景观要素的空间关系可以用最近邻近距离、散布与并列指数、蔓延度指数加以描述和分析。

1. 最近邻近距离(MNN)

$$MNN = \frac{\sum_{j=1}^{m} x_{ij}}{n_i} \tag{3-16}$$

最近邻近距离在斑块级别上等于从斑块 ij 到同类型的斑块的最近距离之和除以具有最近距离的斑块总数;最近邻近距离在景观级别上等于所有类型在斑块级别上的最近邻近距离之和除以景观中具有最近距离的斑块总数。最近邻近距离度量景观的空间格局。一般来说,最近邻近距离值大,反映出同类型斑块间相隔距离远,分布较离散;反之,说明同类型斑块间相距近,呈团聚分布。另外,斑块间距离的远近对干扰很有影响,如距离近,相互间容易发生干扰;而距离远,相互干扰就少。

2. 散布与并列指数(IJI)

$$IJI = \frac{-\sum_{k=1}^{m} \sum_{k=i+1}^{m} \left[(\frac{e_{ik}}{\sum_{k=1}^{m} e_{ik}}) * in(\frac{e_{ik}}{\sum_{k=1}^{m} e_{ik}}) \right]}{in(0.5[m(m-1)]} * 100 \tag{3-17}$$

该公式中,e_{ik} 是景观中类型 i 与类型 k 之间边缘长度,m 是景观中的类型数目。

散布与并列指数为景观类型和景观水平上的指标,散布与并列指数取值小时,表明斑块类型 i 仅与少数几种其他类型相邻接;散布与并列指数为 100 时,表明各斑块间比邻的边长是均等的,即各斑块间的比邻概率是均等的。它是景观空间格局最重要的指标之一,对受到某种自然条件严格制约的生态系统的分布特征反映显著。

(四)景观格局及景观多样性

多样性指标度量景观的组成,一般由丰富度和均匀度两个指标确定。丰富度是指景观中出现的类型数量,而均匀度指标则是用以描述不同类型斑块的分布。丰富度指数还与研究选择的空间尺度有关,一般越大区域具有越高的异质性。而多样性指数是基于信息论基础之上,用来度量系统结构组成复杂程度的一些指数。

景观多样性是对景观水平生物组成多样性的表征。景观多样性包括景观类型的多样性、组合格局的多样性和斑块的多样性。

1. 香农型多样性指数(SHDI)

$$SHDI = \sum_{i=1}^{m} P_i \log_2(P_i) \qquad (3-18)$$

公式描述:香农型多样性指数在景观级别上等于各斑块类型的面积比乘以其值的自然对数之后和的负值。香农型多样性指数=0,表明整个景观仅由一个斑块组成;香农型多样性指数增大,说明斑块类型增加或各斑块类型在景观中呈均衡化趋势分布。

香农型多样性指数反映景观异质性,特别对景观中各斑块类型非均衡分布状况较为敏感,即强调稀有斑块类型对信息的贡献,这也是与其他多样性指数不同之处。在比较和分析不同景观或同一景观不同时期的多样性与异质性变化时,香农型多样性指数也是一个敏感指标。如在一个景观系统中,土地利用越丰富,破碎化程度越高,其不定性的信息含量越大,计算出的香农型多样性指数值也就越高。景观生态学中的多样性与生态学中的物种多样性有紧密的联系,但并不是简单的正比关系。研究发现,在一个景观中二者的关系一般呈正态分布。

2. 均匀度指数(SHEI)

$$SHEI = \frac{H}{H_{max}} = \frac{-\sum_{i=1}^{m} p_i In(p_i)}{In(m)} \qquad (3-19)$$

均匀度指数是香农多样性指数,$Hmax$ 是其最大值。当均匀度指数趋于1

时,景观斑块均匀程度亦趋于最大。均匀度指数与香农型多样性指数一样也是我们比较不同景观或同一景观不同时期多样性变化的一个有力手段。而且,均匀度指数与优势度指标之间可以相互转换,即均匀度指数值较小时优势度一般较高,可以反映出景观受到一种或少数几种优势斑块类型所支配;均匀度指数趋近1时优势度低,说明景观中没有明显的优势类型且各斑块类型在景观中均匀分布。

3. 优势度指数 D(Dominance index)

其计算公式:

$$D = H_{max} + \sum_{i=1}^{m} AP_i \cdot \log AP_i \qquad (3-20)$$

公式描述:D 为景观优势度指数;$Hmax$ 为最大多样性指数。公式表示整体景观受一种或少数几种景观要素控制的程度。景观中某类景观要素的优势度越高,则景观受该类景观要素控制的程度就越高;相反,如果不存在明显占优势的景观要素,说明景观内具有较高的异质性。

在群落生态学研究中,优势度用来反映种群在群落组成结构中的地位和作用,借用优势度指数的原理构造景观优势度指标,也可以用来测度整体景观受一种或少数几种景观要素控制的程度。景观中某一类景观要素的优势度越高,则景观受该类景观要素控制的程度越高;相反,如果不存在明显占优势的景观要素,表明景观具有较高的异质性。优势度为 0,表示组成景观各种景观类型所占比例相等。

第二节 结果与分析

一、亚布力森林公园景观类型划分

(一)一级景观类型划分

根据土地覆盖类型编码,在 ArcGIS 中根据代码编码进行分类合并,统计分析。亚布力国家森林公园总面积为 14 051.5 公顷,共有 10 类一级景观类型,分别为有林地、疏林地、未成林造林地、宜林地、苗圃地、农地、沼泽地、水域、建设用地、居民用地,共有 821 个斑块(表 3-3)。亚布力国家森林公园森林覆盖率为 74.5%(即有林地面积占总面积的百分比)。森林是主体景观,主要以有林地组成。有林地是整个景观格局的基质,在控制区域景观整体结构、功能和动态过程中起着主导作用。农地在亚布力国家森林公园内占地面积为 11.49%,是次要景观类型。宜林地占总面积的 3.68%,说明亚布力国家森林公园内还存在一定数量的可以用于造林的储备用地。疏林地主要以果树为主,面积为 0.87%。沼泽地景观占总面积的 3.08%,沼泽地的存在为亚布力国家森林公园物种多样性保护提供了栖息场所,同时对改善亚布力森林公园小气候发挥着重要功能。建设用地和居民用地占总面积的 3.45%,从保护森林的角度看,存在适当的建设用地是有必要的,如防火道等,但建设用地面积不宜过大,否则人为干扰影响森林景观。未成林造林地占总面积的 2.7%,该地主要是更新造林和新种植林地,对森林的永续利用具有重要作用。水域面积占 0.22%,为亚布力森林公园景观、灌溉和防火提供了功能。亚布力国家森林公园内缺少灌木林地景观。总体来说,亚布力国家森林公园内一级景观类型以森林景观为主体,具有一定的景观多样性和异质性。

表 3-3 一级景观类型分类统计表

序号	一级景观类型	斑块个数(个)	最小斑块面积(公顷)	最大斑块面积(公顷)	平均斑块面积(公顷)	面积(公顷)	面积百分比(100%)
1	有林地	544	0.37	92.25	19.24	10 467.95	74.5

序号	一级景观类型	斑块个数(个)	最小斑块面积(公顷)	最大斑块面积(公顷)	平均斑块面积(公顷)	面积(公顷)	面积百分比(100%)
2	疏林地	11	1.41	64.89	11.05	121.59	0.87
3	未成林造林地	23	1.1	116.21	16.43	377.92	2.70
4	苗圃地	1				1.94	0.01
5	宜林地	46	0.47	110.91	11.24	516.84	3.68
6	农地	160	0.37	106.59	10.09	1614.12	11.49
7	沼泽地	11	0.88	316.42	39.35	432.80	3.08
8	水域	4	2.49	13.69	7.84	31.37	0.22
9	建设用地	9	0.45	293.65	41.80	421.22	2.99
10	居民用地	12	0.39	18.01	5.48	65.75	0.46

(二)二级景观类型划分

根据二级分类编码,在 ArcGIS 中进行统计,本次统计主要是有林地景观,统计结果见表3-4。在有林地中,主要优势景观类型为阔叶混交林,占总面积的18.45%,占有林地面积的24.76%,说明阔叶混交林基本上构成了亚布力国家森林公园的景观基质,其变化影响着整个森林公园生态功能的发挥。阔叶混交树种主要有椴树、柞树、色木、水曲柳、白桦、枫桦、胡桃楸、山杨等树种组成。椴树是亚布力森林公园的次要森林景观类型,占总面积的13.09%,占有林地面积的17.57%,其面积和质量的好坏也直接影响到研究区生态环境的发展。落叶松景观和色木景观分别占总面积的8.82%和8.75%,占有林地面积的11.83%和11.74%,二者在森林景观多样性和景观色彩变化中具有重要作用。枫桦和白桦林景观分别占总面积的4.39%和2.97%,占有林地面积的5.89%和3.99%,二者都是亚布力森林公园的彩色景观树种,对亚布力风景区一年四季的景观变化具有主导功能。山杨林景观占总面积的4.64%,占有林地面积的6.23%。水曲柳林景观占总面积的3.76%,占有林地面积的5.05%。针阔混交林占总面积的4.22%,占有林地面积的5.67%。樟子松林景观和柞树林景观分别占总面积的1.36%和1.66%,占有林地面积得1.82%和2.23%。其他如红松林、云杉林、冷杉林、胡桃楸、人工栽培杨、榆树、针叶混交林等面积较小,零星分布于有林地中。

表 3-4 二级景观类型分类统计表

序号	二级景观	斑块个数	最小斑块面积(公顷)	最大斑块面积(公顷)	平均斑块面积(公顷)	面积(公顷)	面积百分比(100%)
1	落叶松	95	0.37	92.25	13.04	1238.67	8.82
2	红松	5	0.47	5.49	3.08	15.41	0.11
3	樟子松	13	1.49	34.78	14.65	190.45	1.36
4	云杉	5	1.18	20.24	12.42	62.08	0.44
5	冷杉	1	3.31	3.31	3.31	3.31	0.02
6	椴树	88	0.62	69.02	20.89	1839.13	13.09
7	柞树	14	1.17	61.44	16.66	233.22	1.66
8	色木	46	2.51	76.83	26.72	1229.16	8.75
9	水曲柳	20	1.3	69.2	26.43	528.68	3.76
10	白桦	34	1.31	45.74	12.29	417.82	2.97
11	枫桦	23	2.1	70.1	26.83	617.01	4.39
12	人工杨	16	0.84	18.28	5.73	91.61	0.65
13	山杨	36	1.36	56.13	18.12	652.42	4.64
14	胡桃楸	7	2.66	54.17	12.45	87.13	0.62
15	榆树	7	1.06	40.99	9.74	69.17	0.49
16	阔叶混交	108	0.87	64.38	24	2592.13	18.45
17	针叶混交	2	2.35	4.68	3.51	7.03	0.05
18	针阔混交	24	2.09	88.8	24.73	593.52	4.22

　　色木林斑块数量没有阔叶混交林大,但是其连接成大片,形成大而集中的景观斑块;而落叶松林主要集中分布在南部和北部,南部集中,北部相对分散;椴树林斑块也连接成大片,比较集中地分布于整个林场。

在森林景观中，天然林景观面积为8920.26公顷（表3-5），占有林地面积的85.22%，占总面积的63.48%；人工林景观面积为1547.7公顷，占有林地面积的14.79%，占总面积的11.01%。天然林景观是亚布力森林景观的基质，对维护亚布力森林公园的生态安全具有重要作用。天然林主要以天然次生林为主，天然林景观全部为落叶阔叶林，主要由椴树、色木、水曲柳、枫桦、白桦、柞树、山杨、胡桃楸等混交树种组成。人工林景观树种主要由落叶松、樟子松、云杉、冷杉和红松等树种组成。

表 3-5 有林地中森林景观起源对比

起源	斑块个数	最小斑块面积（公顷）	最大斑块面积（公顷）	平均斑块面积（公顷）	面积（公顷）	占有林地面积百分比（100%）	占总面积百分比（100%）
天然林景观	410	0.62	88.80	21.76	8920.26	85.22	63.48
人工林景观	134	0.37	92.25	11.55	1547.7	14.79	11.01

在森林景观中，幼龄林景观是亚布力森林公园的主体景观，构成了森林景观的基质，占有林地面积的48.7%（见表3-6），占亚布力国家森林公园总面积的36.28%。在幼龄林景观中，天然林占69.66%，人工林占30.34%。中龄林景观占有林地面积的23.43%，占亚布力国家森林公园总面积的17.46%。在中龄林中，天然林占99.96%。近熟林和成熟林景观全部为天然林构成。

表 3-6 有林地中不同龄组森林景观对比

龄组	面积（公顷）	天然林面积（公顷）	人工林面积（公顷）
幼龄林	5098.33	3551.53	1546.8
中龄林	2452.76	2451.87	0.89
近熟林	2082.83	2082.83	0
成熟林	834.03	834.03	0

综上所述，亚布力森林公园景观以林地为主，其中阔叶林面积最大，但在森林景观类型中，针叶林景观类型偏少，针阔混交林景观类型偏少，景观类型以幼

龄林为主,缺少近、成熟林景观类型。总体来说,景观类型多样,缺少灌木林景观,森林景观天然次生过渡性特征明显,动态过程比较复杂。整个区域有居民用地和农田,说明景观存在人为干扰。

二、亚布力森林公园景观环境因子分析

任何森林景观格局的形成、分布、变化均与环境密切相关,是在一定的气候、地形和土壤基质以及人类、自然干扰的综合作用下形成的。在众多的环境因子中,地形因子尤为重要,因为它不仅影响光、热、水、土的分布状况,而且在不同程度上影响着各种自然或人为的干扰,使得森林景观的分布规律与地形因子具有空间上的相对一致性,这种一致性是了解森林景观格局与其形成过程关系的根本途径。亚布力森林公园地形属低山丘陵地区,部分为中山地区,海拔最高处为1370米,最低为0米,沟谷纵横,具有独特的地形地貌特点。该区属于大陆性季风气候,降雨主要集中在夏季,冬季雪多,所以分析亚布力森林公园的环境因子对景观格局的影响具有重要意义。

(一)景观类型的海拔高程分异特征

1.高程特征分析

根据空间叠置结果,统计各海拔高度所占总面积比例,亚布力森林公园西部边缘地区属于高海拔地区,海拔在800米以上;中间部分属于中海拔地区,海拔在400~800米之间;东部属于低海拔地区,海拔在0~400米之间。

利用一级景观矢量图和重新分类后的海拔高程矢量图,进行空间等级叠加处理,然后统计各景观类型在不同海拔高程的面积大小,统计结果如下:有林地主要分布在200~1000米梯度之间(图3-1),分别占15.13%、51.46%、21.63%和8.84%,其中海拔在400~600米之间分布最多,这与海拔高程面积分布特征一致。疏林地主要分布在600~1200米之间,疏林地主要以经济林果为主,受人为因素影响较大。未成林造林地分布在0~1200米之间,未成林造林地主要是人工落叶松、人工杨树、红松、云杉和冷杉等树种。宜林地在不同海拔高程都有分布,说明亚布力森林公园有较多的造林储备地。农地主要分布在200~600米之间;沼泽地、水域、建设用地、居民用地分布在海拔600米以下。1200米以上,土壤面积较少,坡度陡,不利于林木生长,分布树种较少。

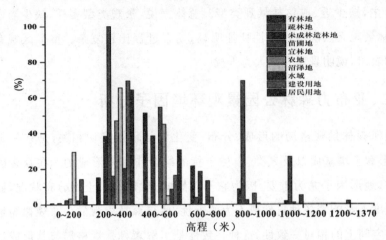

图 3-1　一级景观各高度面积所占比例

二级景观统计数据表明(表 3-7 和图 3-2),优势树种,即落叶松林、红松林、樟子松林、云杉林和冷杉林景观主要分布在海拔 200~600 米之间,占有林地面积的 14.19%,这些针叶林树种主要是人工林,与东北地区的天然针叶林树种相比(500~1200 米),海拔高度相对较低。阔叶林树种,即椴树、色木、柞树、水曲柳、白桦、枫桦、山杨、榆树、胡桃楸是亚布力森林公园的先锋树种,生长能力强,分布相对较广,主要分部在 200~800 米之间,占有林地面积的 78.31%。枫桦林和针阔混交林景观分布范围最广,从 0 米海拔高程到 1370 米之间都有分布。总体来说,树种主要分布在 1000 米以下,只有一些生长力较强的枫桦、椴树等先锋树种在 1000 米以上才有分布,1000 米以上的针阔混交林中的针叶树为人工种植云杉和冷杉树种。

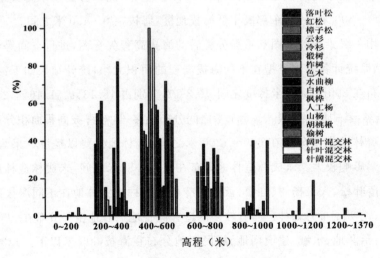

图 3-2　二级景观各高度面积所占比例

表3-7 二级景观与海拔高程等级叠加面积

景观类型	0~200	200~400	400~600	600~800	800~1000	1000~1200	1200~1370
落叶松	2.52	475.84	740.5	19.81	—	—	—
红松	0.026	8.42	6.96	—	—	—	—
樟子松	1.15	106.96	82.34	—	—	—	—
云杉	1.49	37.96	22.63	—	—	—	—
冷杉	—	—	3.31	—	—	—	—
椴树	3.87	279.5	1048.19	430.02	73.62	3.93	—
柞树	—	20.26	211.17	4.79	—	—	—
色木	1.56	65.61	725.23	319.31	90.21	27.25	—
水曲柳	—	3.35	297.82	201.41	26.09	—	—
白桦	3.23	150.91	171.90	64.79	27.00	—	—
枫桦	3.69	28.87	92.82	175.29	245.71	48.28	22.34
人工杨	1.74	75.35	14.52	—	—	—	—
山杨	1.06	62.28	467.46	92.64	18.98	10	—
胡桃楸	—	10.89	43.99	31.12	1.13	—	—
榆树	3.09	19.64	34.14	12.29	—	—	—
阔叶混交林	13.72	210.35	1318.17	834.41	196.21	19.27	—
针叶混交林	—	4.9	2.11	—	—	—	—
针阔混交林	3.39	20.12	115.83	103.08	236.06	109.59	5.45
合计	40.54	1581.21	5399.09	2288.96	915.01	218.32	27.79

海拔与树种垂直分布有密切关系,海拔决定气温与湿度的变化,它是影响林业生产的重要因子。已有研究表明,海拔每升高100米,年平均气温约下降0.56摄氏度,雨量和相对湿度在一定高度上则随海拔升高而增加。同时,辐射强度和光谱中波长成分亦随高度而有所变化,空气流动也发生显著的涡动现象,土壤的性质也呈现明显的垂直地带性变异,这些都不同程度地影响着植被的类型组成和空间分布。[1][2]

---

① 曾宏达.基于DEM和地统计的森林资源空间格局分析——以武夷山山区为例[J].地球信息科学学报,2005,7(2):82-88.

② 邓向瑞.北京山区森林景观格局及其尺度效应研究[D].北京:北京林业大学,2007.

（二）景观类型的坡度分异特征

坡度与景观类型的分布有较大关系，坡度越大，土壤滑动越厉害，受到降雨冲击越严重，直接影响到土壤的最上层土壤养分、土层厚度、土壤水分、土壤酸碱度等土壤的基本属性。另外，坡度不同，也影响坡面接受太阳照度的大小，从而会对温、热、水分有不同程度的差异，这些都会影响到坡面上的植被生长和景观类型的分布。

从图上看（图 3-3），亚布力森林公园一级景观类型主要分布在 0～25°之间，占82.1％，其中坡度在 15°～25°之间斜坡地景观类型所占面积最大，为 31.28％，其次是 5°～15°的缓坡面，面积为 28.1％。景观类型面积最小的是 35°～45°的急坡段，面积为 1.66％。在 0～5°坡地上主要分布的景观类型有苗圃地（100％）、水域（75％）、居民用地（67.27％）、沼泽地（42.85％）、农地（43.26％）和未成林造林地（38.73％）、建设用地（36.96％），有林地在 0°～5°坡地上仅有 16.67％；有林地 83.01％分布在＜25°的坡地上，以 15°～25°的斜坡上最多。在坡度＞25°的坡地上，农地占 14.54％，居民用地占 11.26％。按照国家 2002 年颁布的《退耕还林条例》，坡度＞25°的农地、居民用地要退耕还林还草，亚布力森林公园有大约 242.08 公顷的土地面积可以用植树造林。

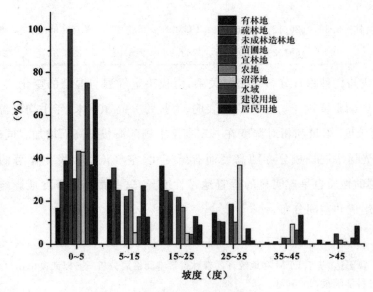

图 3-3　一级景观各坡度面积所占比例

在二级景观类型中,森林景观 97.83% 生长在 <35° 以下(图 3-4),其中 15°~25° 所占比例最大,为 36.55%,依次是 5°~15° 坡度为 30.16%、0°~5° 坡度为 16.67%、25°~35° 坡度为 14.46%,说明在亚布力森林公园 5°~35° 是最适宜森林植被生长,造林尽量选择斜坡和陡坡上,因为坡度较小时人为活动因素对植被生长影响较大,而坡度过大,土层厚度一般较薄,土壤有机质及水分容易流失。二级景观类型中面积较大的阔叶林景观中,阔叶混交林、椴树林、色木林、山杨林、枫桦林、胡桃楸林主要分布在 5°~25°,白桦林、人工杨林、榆树林主要分布在 0°~15°。针叶林树种中,落叶松、红松、樟子松、云杉和冷杉主要分布在 5°~25°。针阔混交林主要分布在 5°~15°。

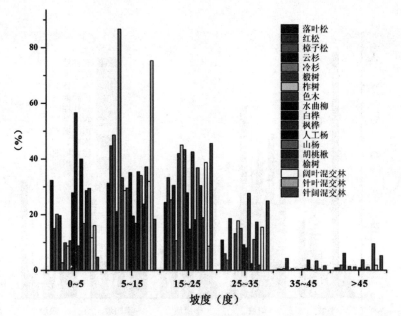

图 3-4　二级景观各坡度面积所占比例

(三)景观类型的坡向分异特征

坡向决定了该坡面接受太阳辐射以及地面水分的量值与变化程度,在很大程度上影响植被的类型与分布,特别在阴阳坡之间出现最为明显的差异,耐阴树种在阴坡生长好,喜光树种多分布于阳坡。一般南坡、东南坡、西南坡,所获得的太阳光热量大;北坡、东北坡,西北坡,则较冷凉。

从图 3-5 可知,亚布力森林公园一级景观类型主要分布在阴坡、半阴坡,占总面积的 64.97%。其中,阴坡最大,占 34.51%;依次是半阳坡和阳坡,分别为 19.5% 和 11.67%。平坡最小,占 3.85%。其中有林地主要分布在阴坡、半阴坡和半阳坡,分别占其面积的 33.44%、30.93% 和 20.83%,而南坡仅为 12.44%。这主要是由于在我国东北地区阳坡温、湿度变化较大,水分蒸发量大,融雪、解冻比阴坡早,相比之下,阴坡水分蒸发量少,土壤墒情好,土质较肥沃,土层较深厚,更适合林木生长。疏林地和未成林造林地也主要分布在阴坡和半阴坡,分别占其面积的 60.23% 和 71.76%。农地主要分布在阴坡和半阴坡,分别占其面积的 36.3% 和 29.06%。居民用地主要分布在阳坡、半阳坡和平坡,分别为 33.17%、27.66 和 21.7%,说明在东北地区,天气比较寒冷,阳坡更适合人类居住和生存。

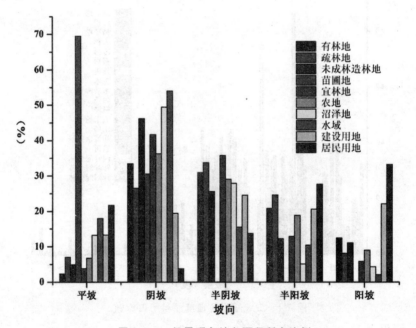

图 3-5　一级景观各坡向面积所占比例

在二级景观类型中,亚布力森林公园有 85.21% 的森林景观分布在阴坡、半阴坡和半阳坡(图 3-6),其中阴坡为 33.43%,半阴坡为 30.97%,半阳坡为 20.8%,平坡为 2.36%。由于阴坡、半阴坡和半阳坡土壤水分含量高,土壤肥沃,适合大多数林木生长,阔叶林为亚布力森林公园的优势树种对于环境的适应性比较强,虽然倾向于向阴坡和半阴坡分布,然而在阳坡和半阳坡的优势也很大,坡向的差异难以阻碍其分布情况。树种大致的分布情况为:阔叶混交林、色木、白

桦、枫桦、人工杨、山杨、针阔混交林、冷杉、樟子松、红松主要分布在阴坡;落叶
松、云杉、椴树、水曲柳、胡桃楸主要分布在半阴坡;柞树和针叶混交林主要分布
在半阳坡。

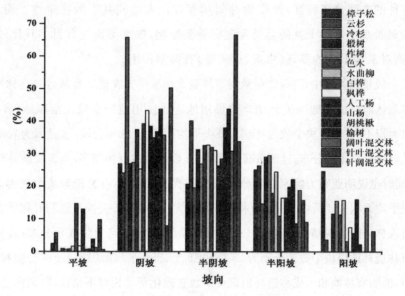

图3-6　二级景观各坡向面积所占比例

三、亚布力森林公园景观指数因子分析

(一)森林景观斑块类型指标分析

利用景观格局指数分析软件 Fragstats 对各景观要素进行相同类型斑块融
合,分别对一级景观和二级景观类型融合,一级景观融合前共有 821 个斑块,融
合后共有 200 个斑块;二级景观融合前共有 544 个斑块,融合后共有 333 个斑
块,总面积为 14 051.5 公顷。

斑块规模是景观中环境资源特征、干扰状况和群落演替共同作用的结果。
景观要素的斑块规模一定程度上可以反映森林景观动态发展史,同时对景观结
构与功能产生直接影响,特别是对森林景观动态以及林区生物多样性具有直接
的生态学意义。

1.一类景观分析

斑块数和斑块平均面积是测度某一景观类型范围内景观分离度与破碎性

最简单的指标,一般二者联合使用,解释景观类型的破碎度、优势度、均匀度。一般规律是斑块数大,斑块平均面积小,破碎度高;斑块数小,斑块平均面积大,破碎度低。斑块数对许多生态过程都有影响,如可以决定景观中各种物种及其次生种的空间分布特征;改变物种间相互作用和协同共生的稳定性。而且,斑块数对景观中各种干扰的蔓延程度有重要影响,如某类斑块数目多且比较分散时,则对某些干扰的蔓延(虫灾、火灾等)有抑制作用。

一级景观类型中,融合之后景观斑块数大小顺序为农地>有林地>宜林地>未成林造林地>沼泽地>疏林地>建设用地>居民用地>水域>苗圃地(表3-8)。农地面积不大,但斑块个数为 85 个,斑块平均面积为 19.4 公顷,这是因为农地大部分是以小斑块零散分布,这部分斑块面积小,数量却占有相当多,其斑块破碎化程度高,同时也说明亚布力国家森林公园人为干扰因素存在;有林地斑块个数为 33 个,斑块平均面积为 317.01 公顷,有林地面积最大(10 467.95 公顷),说明有林地作为亚布力森林公园景观基质,斑块比较集中,破碎化程度低,且集中成片分布;宜林地和未成林造林地斑块个数为分别为 25 个和 18 个,斑块平均面积为 19.14 公顷和 19.83 公顷,说明宜林地和未成林造林地斑块个数破碎化程度相对不是很高;沼泽地、疏林地、建设用地、水域斑块个数为分别为 11 个、9 个、8 个、3 个,斑块平均面积为 39.36 公顷、13.56 公顷、42.2 公顷、10.41 公顷,说明沼泽地、疏林地、建设用地、水域分布比较集中,破碎化程度较低。

表 3-8 一级景观斑块类型指标分析计算结果

序号	景观类型	斑块个数(个)	斑块类型面(公顷)	景观百分比	最大斑块指数	斑块平均面积(公顷)	斑块标准差
1	有林地	33	10 467.95	0.7450	0.6752	317.01	1622.4
2	疏林地	9	121.59	0.0087	0.0046	13.56	18.82
3	未成林造林地	18	377.92	0.0269	0.0083	19.83	41.19
4	苗圃地	1	1.94	0.0001	0.0001	1.80	0
5	宜林地	25	516.84	0.0368	0.0079	19.14	58.19
6	农地	85	1614.12	0.1149	0.0076	19.94	49.27
7	沼泽地	11	432.80	0.0308	0.0225	39.36	88.1
8	水域	3	31.37	0.0022	0.001	10.41	3.47
9	建设用地	8	421.22	0.0300	0.0209	42.2	105.13
10	居民用地	7	65.75	0.0047	0.0013	8.19	6.95

从景观百分比可以看出,一级景观类型中对整个景观贡献率最大的景观类型为有林地,其值为0.745,是景观的主体和基质;其次是农地,其值为0.1149,是次要景观类型。其他景观一级景观类型面积相对较小,零星分布于有林地中。对农地景观可以考虑退耕还林还草,逐步演变为林业用地景观类型,减少人类对森林公园的相对干扰。

从最大斑块指数可以看出,有林地最大,其值为0.6752,表明有林地是景观基质,优势度最强,控制着亚布力森林公园的景观格局,对景观的影响最大;其次是沼泽湿地,其值为0.0225,表明沼泽湿地对亚布力森林公园的气候调节、纳污净化等具有重要生态功能和景观功能。其他景观类型最大斑块指数相对较小。

斑块标准差反映斑块面积的变动程度大小。其大小顺序为有林地＞建设用地＞沼泽湿地＞宜林地＞农地＞未成林造林地＞疏林地＞居民用地＞水域＞苗圃地。一级景观中有林地斑块面积波动最大,其值为1622.4。该值波动较大时,对公园的整体生态功能正常发挥、物种保护等不利,应通过廊道建设,打通与其他小斑块的连通性;对面积较小的、利用率不高的建设用地,应还林还草。

2.二级景观类型

在有林地中,面积较大的阔叶混交林、椴树林、落叶松林、色木林,斑块个数和斑块平均面积分别为58个、48个、44个、30个和44.72公顷、38.26公顷、29.97公顷、40.97公顷(表3-9),说明阔叶混交林、椴树林、落叶松林破碎化程度较高,色木林整体性较好,斑块集中;对面积中等的山杨林、枫桦林、针阔混交林、水曲柳林、白桦林、柞树林、樟子松林斑块个数和斑块平均面积分别为24个、18个、21个、13个、30个、12个、7个和27.26公顷、34.26公顷、28.33公顷、40.71公顷、13.92公顷、19.34公顷、27.42公顷,其中枫桦林、水曲柳林、柞树林和樟子松林斑块相对集中,连接性较好,破碎化低;山杨林和针阔混交林破碎化程度相对较高;白桦林斑块比较分散,破碎化较为严重。其他面积相对较小的林地,斑块个数和斑块平均面积比较接近,破碎化程度低。

表3-9　二级景观斑块类型指标分析计算结果

序号	景观类型	斑块个数(个)	斑块类型面积(公顷)	景观百分比(100%)	最大斑块指数	斑块平均面积(公顷)	斑块标准差
1	落叶松	44	1238.67	11.83	0.0066	29.97	70.86

序号	景观类型	斑块个数（个）	斑块类型面积（公顷）	景观百分比(100%)	最大斑块指数	斑块平均面积(公顷)	斑块标准差
2	红松	5	15.41	0.15	0.0004	3.06	1.55
3	樟子松	7	190.45	1.82	0.0025	27.42	21.76
4	云杉	4	62.08	0.59	0.0014	15.5	9.91
5	冷杉	1	3.31	0.03	0.0002	3.24	0
6	椴树	48	1839.13	17.57	0.0049	38.26	47.85
7	柞树	12	233.22	2.23	0.0044	19.34	19.57
8	色木	30	1229.16	11.74	0.0055	40.97	46.8
9	水曲柳	13	528.68	5.05	0.0049	40.71	54.42
10	白桦	30	417.82	3.99	0.0033	13.92	23.31
11	枫桦	18	617.01	5.89	0.0050	34.26	28.75
12	人工杨	12	91.61	0.88	0.0013	7.6	4.72
13	山杨	24	652.42	6.23	0.0040	27.26	22.44
14	胡桃楸	8	87.13	0.83	0.0039	10.99	16.77
15	榆树	7	69.17	0.66	0.0029	9.78	13.67
16	阔叶混交林	58	2592.13	24.76	0.0046	44.72	65.44
17	针叶混交林	2	7.03	0.07	0.0003	3.46	1.22
18	针阔混交林	21	593.52	5.67	0.0063	28.33	26.93

在二级景观类型中，斑块个数和斑块平均面积最大的是阔叶混交林，因为阔叶混交林是亚布力森林公园的主要天然次生先锋树种，先锋树种在不同条件的立地上扩展能力都很强，适生范围较宽。

有林地中，各类型景观要素对整个景观的贡献率大小为：阔叶混交林＞椴树林＞落叶松林＞色木林＞山杨林＞枫桦林＞针阔混交林＞水曲柳林＞白桦林＞柞树林＞樟子松林＞人工杨林＞胡桃楸林＞榆树林＞云杉林＞红松林＞针叶混交林＞冷杉林。其中贡献率比较高的景观有阔叶混交林、椴树林、落叶松林、色木林,其贡献率分别为 24.76%、17.57%、11.83% 和 11.74%。说明阔叶混交林、椴树林和色木林先锋树种生长能力强,生长快,而落叶松林是人工大面积造林形成的。

(二)森林景观斑块形状指标分析

景观要素斑块的空间形状对其生态功能的影响早已为人所认识,并且提出了许多定量描述斑块形状的指标,这些指标多通过标准形状的面积或周长等指标与现实斑块对应指标的对比关系构造定量指标,用以定量描述现实生态系统的形状偏离标准形状的程度,反映其形状复杂性。形状复杂,则边缘曲折度高,边缘生境比例大、多样性也高,同时形状越曲折,斑块与基底的作用就越强,处于最佳形状的斑块则具有多种生态学效益,将利于物种传播。

1.一级景观斑块形状指标分析

一级景观类型中(表 3-10),景观形状指数大小顺序为:有林地>宜林地>沼泽地>农地>居民用地>未成林造林地>建设用地>疏林地>水域>苗圃地。一般来说,景观形状指数值越大,说明景观中斑块类型形状越不规则。一级景观的形状指数为 1.17~2.02,一级景观的平均形状指数为 1.62。有林地形状指数最大(2.02),有林地分布面积最广,是景观基质,其边界被其他类型景观要素斑块所分割,边缘形状曲折多变;其次是宜林地的形状指数(1.82),这是因为宜林地多分布于山体上部、山脊和部分河流的周围,因此其形状也趋于复杂化;沼泽地的形状指数为 1.8,位居第三,这是因为沼泽地分布地势低洼处,其形状也较复杂;农地、居民用地、未成林造林地、建设用地、疏林地的形状相对复杂,水域和苗圃地的形状最简单。

表 3-10　一级景观斑块形状指标分析计算结果

序号	景观类型	景观形状指数	分维数	边缘总长度(千米)
1	有林地	2.02	1.34	33.45
2	疏林地	1.49	1.30	14.86
3	未成林造林地	1.56	1.31	3.91
4	苗圃地	1.17	1.29	0.578
5	宜林地	1.82	1.32	9.243

序号	景观类型	景观形状指数	分维数	边缘总长度(千米)
6	农地	1.73	1.33	20.77
7	沼泽地	1.80	1.32	3.33
8	水域	1.37	1.27	0.48
9	建设用地	1.53	1.31	2.19
10	居民用地	1.72	1.32	1.30

边缘总长度是最重要的形状参数之一,反映了各种扩散过程(能流、物流和物种流)的可能性,对生物物种的扩散和觅食有直接反映。从表3-10中可以得出,亚布力森林公园内一级景观要素总周长90.11千米,平均周长为9.11千米,长度在0.48~33.45千米,总周长较大。各景观要素的周长存在较大差异,各景观要素周长的大小顺序为:有林地>农地>宜林地>未成林造林地>沼泽地>建设用地>疏林地>居民用地>水域>苗圃地。有林地和农地斑块个数较多,而边缘长度分别占总长度的37.12%和23.05%,说明有林地和农地边缘长度较大,二者受人为因素影响干扰严重。和表3-8对比分析,斑块面积和周长基本上保持一致,面积大的斑块,周长相对较大。

分维数是用来揭示各景观组分的边界褶皱程度的重要指标。从表3-10可以看出,研究区一级景观的分维数在1.27~1.34之间,都比较小,趋近于1,但远离2,说明斑块形状受人为的干扰程度较大,斑块形状趋于规则化。斑块分维数最大的是有林地,为1.34,表明有林地景观类型的形状最复杂;其次是农地、宜林地、沼泽地、居民用地,分别为1.33、1.32、1.32、1.32。景观斑块形状最简单、比较规则的是水域和苗圃地,分维数为1.27和1.29。从表3-10可以看出,类斑边界分维数的分析结果与类斑形状指数的分析结果大致相似。

2. 二级景观斑块形状指标分析

在二级景观类型中(表3-11),亚布力森林公园内二级景观的形状指数为1.5~2.22,二级景观的平均形状指数为1.86。景观形状指数大小顺序为:樟子松>山杨>水曲柳>云杉>色木>椴树>阔叶混交林>枫桦>榆树>胡桃楸>人工杨>柞树>针叶混交林>落叶松>红松>针阔混交林>冷杉。樟子松的形状指数最大,为2.22,云杉为2.01,因为樟子松林和云杉全部为人工林,人为种植的地块边界形状不规则,比较复杂,造成了樟子松林和云杉林的形状指数比较大。山杨、水曲柳、色木、椴树、阔叶混交林的斑块形状指数相对较大,因为山杨、水曲柳、色木、椴树、阔叶混交林为亚布力森林公园的先锋次生树种,对环境的适应能力较强,分布较广,其斑块形状也不规则,因此其形状指数较大。其次是榆树、胡桃楸、人工杨、柞树、针叶混交林、落叶松,红松相对比较复杂,针阔混交林和冷杉林的斑块形状比较简单。

表 3-11 二级景观斑块形状指标分析计算结果

序号	景观类型	景观形状指数	分维数	边缘总长度(千米)
1	落叶松	1.71	1.30	11.95
2	红松	1.70	1.34	0.49
3	樟子松	2.22	1.35	2.28
4	云杉	2.01	1.32	1.00
5	冷杉	1.5	1.32	0.09
6	椴树	1.96	1.30	18.08
7	柞树	1.75	1.30	2.85
8	色木	1.97	1.29	11.45
9	水曲柳	2.02	1.32	4.46
10	白桦	2.04	1.34	6.44
11	枫桦	1.87	1.29	5.51
12	人工杨	1.76	1.31	1.85
13	山杨	2.05	1.31	7.79
14	胡桃楸	1.81	1.34	1.31
15	榆树	1.85	1.33	1.05
16	阔叶混交林	1.89	1.29	22.41
17	针叶混交林	1.74	1.33	0.20
18	针阔混交林	1.69	1.28	5.38

亚布力森林公园内二级景观要素总周长 104.59 千米,平均周长为 5.81 千米,长度在 0.092.41 千米。各景观要素的周长存在较大差异,各景观要素周长的大小顺序为:阔叶混交林>椴树林>落叶松林>色木林>山杨林>白桦林>

枫桦林＞针阔混交林＞水曲柳林＞柞树林＞樟子松林＞人工杨林＞胡桃楸林＞榆树林＞云杉林＞红松林＞针叶混交林＞冷杉林。在二级景观类型中，各景观要素的周长和面积保持一致，面积大的斑块，周长相对较大。阔叶混交林、椴树林、色木林、山杨林、白桦林、枫桦林周长相对较大，因为这些树种为亚布力森林公园的先锋树种，群落特征最明显，分布广，相对边缘周长也大。

研究区二级景观的分维数在 1.28～1.35 之间，也都比较小，趋近于 1，但远离 2，二级景观要素同样受人类的干扰程度较大，斑块形状趋于规则化。斑块分维数最大的是樟子松林，为 1.35，表明樟子松林景观类型的形状复杂，与斑块形状指数的结果一致，都是樟子松林景观的形状最复杂。阔叶混交林和针阔混交林的斑块形状相对简单。其他林地景观斑块形状相对复杂。

(三)森林景观斑块异质性指标分析

景观异质性是景观的一个重要属性，是指景观要素和组分在景观中的时空变异程度和不均匀分布。景观异质性的存在决定了景观空间格局的多样性和斑块多样性。高度异质的景观是由丰富的景观要素类型和对比度高的分布格局共同决定的。当景观中景观要素类型的数量一定时，同类景观要素以大斑块相对集中分布格局构成的景观，其景观异质性较低；而以小斑块分散分布格局构成的景观，其异质性较高，从而控制着不同的景观过程与功能。

1. 一级景观要素异质性分析

景观要素边缘密度是指研究对象单位面积上某类景观要素斑块与其相邻异质斑块之间的边缘长度。其大小反映景观中异质斑块之间物质、能量、物种及其他信息交换的潜力及相互影响的强度，可以直接表征景观整体的复杂程度，单位面积上的边缘长度值大，景观被边界割裂的程度高；反之，景观保存完好连通性高。由表 3-12 可知，一级景观边缘密度值大小顺序为：有林地＞农地＞宜林地＞未成林造林地＞沼泽地＞建设用地＞疏林地＞居民用地＞水域＞苗圃地。有林地边缘密度为 23.82 米/公顷，农地为 14.79 米/公顷，这与景观要素的总面积是成正比的。一般来说，景观要素的面积越大，其边缘就越长，边缘密度也就越大。但是未成林造林地、沼泽地和建设用地受人为因素影响较大，造成边界割裂的程度高，景观异质性程度高，边缘密度相对较大。疏林地、居民用地、水域和苗圃地比较规则化，斑块数量少，被分割程度低，景观异质性低。

表 3-12　一级景观斑块类型水平异质性分析

序号	景观类型	斑块密度 （个/公顷）	边缘密度 （米/公顷）	面积(公顷)
1	有林地	0.0 032	23.82	10 467.95
2	疏林地	0.07	1.05	121.59
3	未成林造林地	0.047	2.79	377.92
4	苗圃地	0.52	0.04	1.94
5	宜林地	0.048	6.58	516.84
6	农地	0.053	14.79	1614.12
7	沼泽地	0.025	2.37	432.80
8	水域	0.096	0.34	31.37
9	建设用地	0.02	1.56	421.22
10	居民用地	0.11	0.92	65.75
11	总体景观	0.014	54.24	14 051.5

斑块密度反映了景观的破碎化程度和景观异质性程度。斑块密度越大，破碎化程度越大，空间异质性越大，反之亦然。从表 3-12 可以看出，苗圃地斑块密度最大，为 0.52 个/公顷，且由于亚布力森林公园苗圃用地只有 1 处，所以斑块密度最高，但其破坏化程度最低。其次是居民用地和水域，分别为 0.11 个/公顷和 0.096 个/公顷，亚布力森林公园水域有 3 处，居民用地有 7 处，斑块规模较小，都比较分散，不集中；有林地斑块密度最小，为 0.0032 个/公顷，有林地在景观中占有很大比重，连片分布，斑块面积较大，因此其斑块密度较小；其次是建设用地、未成林造林地、沼泽地、宜林地、疏林地，这几类景观斑块密度相对较小的原因是斑块相对比较集中，连片分布。农地和疏林地斑块密度分别为 0.053 个/公顷和 0.07 个/公顷，相对偏高，主要原因是农地和疏林地虽然有面积连片分布的斑块，但小斑块也比较多，分布比较分散和破碎，异质性相对较高。

2. 二级景观要素异质性分析

由表 3-13 可知，二级景观要素边缘密度值最大的是阔叶混交林，为 19.7

米/公顷;较大的是椴树林(15.76 米/公顷)、落叶松林(10.2 米/公顷)和色木林(10.06 米/公顷),居中的山杨林、白桦林、枫桦林、针阔混交林、水曲柳林、柞树林、樟子松林、人工杨林、胡桃楸林,其范围在 1.17 米/公顷～6.4 米/公顷之间;边缘密度较小的是榆树林、云杉、红松、针叶混交林和冷杉,其范围在 0.08 米/公顷～0.9 米/公顷之间,云杉、红松、针叶混交林和冷杉全部为人工林,其形状比较规则,被分割程度低。二级景观要素的边缘密度值再次反映出斑块边缘密度与斑块面积有关,面积越大,其斑块边缘密度越大。由此可知,斑块边缘密度与斑块面积成比例关系,在进行景观格局分析的过程中,要结合多个指标进行综合分析。

表 3-13 二级景观斑块类型水平异质性分析

序号	景观类型	斑块密度 (个/公顷)	边缘密度 (米/公顷)	面积 (公顷)
1	落叶松	0.036	10.2	1238.67
2	红松	0.327	0.43	15.41
3	樟子松	0.036	2.01	190.45
4	云杉	0.065	0.89	62.08
5	冷杉	0.309	0.08	3.31
6	椴树	0.026	15.76	1839.13
7	柞树	0.052	2.45	233.22
8	色木	0.024	10.06	1229.16
9	水曲柳	0.025	3.95	528.68
10	白桦	0.072	5.58	417.82
11	枫桦	0.029	4.88	617.01
12	人工杨	0.132	1.61	91.61
13	山杨	0.037	6.94	652.42
14	胡桃楸	0.09	1.17	87.13
15	榆树	0.1	0.9	69.17
16	阔叶混交林	0.022	19.7	2592.13
17	针叶混交林	0.28	0.18	7.03
18	针阔混交林	0.04	4.78	593.52

二级景观的斑块密度在 0.022 个/公顷～0.327 个/公顷之间,红松林斑块密度最大,为 0.327 个/公顷。红松为人工林,斑块数量少,面积较小,比较分散、斑块密度较大,异质性程度高;其次是冷杉林、针叶混交林、人工杨林和榆树林,这些景观主要是人工林,斑块数量小,分散分布,面积小,斑块密度相对较大。阔叶混交林斑块密度最小,为 0.022 个/公顷。阔叶混交林连片分布,斑块面积较大,数量相对较少,因此其斑块密度较小。总体上看,森林类型斑块密度在亚布力森林公园比较接近,这主要是以阔叶树种为主,阔叶树是亚布力森林公园的先锋树种,其空间扩展能力很强,在整个景观中占绝对优势,由于其分布广进而连接成片,所以斑块的密度差异比较小。斑块密度大小除了与森林类型优势种群的生态学特征有关外,还与其他外在因素有关,如人为干扰和人类经营活动等。

(四)亚布力森林公园景观要素空间相互关系分析

景观要素空间相互关系分析是景观生态学研究的核心问题之一,景观要素空间分布是自然和社会因素共同作用的结果。对景观要素空间相互关系的研究有助于探讨景观格局和生态过程的相互关系,以及人类活动对景观空间格局的影响。各景观要素空间相互关系可以用最近邻近距离、散布与并列指数等指标加以描述和分析。

一般来说,平均最近临近距离值大,反映出同类型斑块间相隔距离远,分布较离散;反之,说明同类型斑块间相距近,呈团聚分布。一级景观要素的水域、疏林地和建设用地的平均最近临近距离值较大,分别为 2518.73 米、1176.58 米、1002.24 米,说明水域、疏林地和建设用地景观要素之间相邻比较远,比较分散,相互之间干扰少,景观要素之间的连通性差,异质性强。未成林造林地、宜林地、沼泽地、居民用地、农地景观要素之间也存在分散现象,不太集中。

二级景观要素平均最近邻近距离,胡桃楸林、红松林、人工杨林、榆树林的值分别为 1870.71 米、1809.28 米、1255.99 米和 1094.97 米,说明胡桃楸、红松、人工杨、榆树景观要素之间相邻比较远,比较分散,相互之间干扰少,景观要素之间的连通性比较差。樟子松林、柞树林、针阔混交林、针叶混交林、山杨林、云杉林、水曲柳林、色木林、枫桦林、椴树林、白桦林平均最近邻近距离在 269.66 米～898.09 米之间,各景观要素之间相邻相对较远,比较分散。落叶松林、阔叶混交林和冷杉林平均最近邻近距离在 1 米～191.86 米,相对比较集中。

散布与并列指数是描述景观空间格局最重要的指标之一,是景观分散与相互混杂信息的测度。当相应的斑块类型只与一种其他斑块类型邻接或者只有一个斑块类型时,散布与并列指数接近于 0;当相应的斑块类型与其他所有斑块类型都有同种程度的邻接时,即最大程度地散布与并列于其他斑块类型中时,散布与并列指数为 100。散布与并列指数在景观级别上计算各个斑块类型间的总体散布与并列状况。散布与并列指数取值小,表明斑块类型 i 仅与少数几种其他类型相邻接;散布与并列指数＝100,表明各斑块间比邻的边长是均等的,即各斑块间的比邻概率是均等的。

从表 3-14 可知,亚布力森林公园内农地和阔叶混交林景观散布与并列指数较大,分别为 82.91 和 79.31,说明农地和阔叶混交林景观与其他景观斑块比邻的概率较大,彼此相互邻近,比较集中分布;落叶松林、椴树林、山杨、色木、柞树林景观相对来说与其他景观斑块也是彼此相互邻近,比较集中分布;与其他景观斑块比邻的概率较小的景观类型是冷杉、红松、针叶混交林、苗圃地、沼泽地、疏林地,其散布与并列指数较小,与其他景观斑块彼此相互较远,比较分散分布。

表 3-14 各景观要素空间相互关系分析

序号	景观类型	最近邻近距离 (米)	排序	散布与并列指数	排序
1	落叶松	191.86	20	74.93	3
2	红松	1809.28	3	55.14	22
3	樟子松	898.09	8	63.93	15
4	云杉	521.36	13	55.51	21
5	冷杉	1	1	16.26	27
6	椴树	324.93	18	74.45	4
7	柞树	834.02	9	69.92	9
8	色木	412.93	15	72.2	7
9	水曲柳	469.07	14	61.41	18
10	白桦	269.66	19	66.34	12
11	枫桦	402.4	16	57.72	20

序号	景观类型	最近邻近距离（米）	排序	散布与并列指数	排序
12	人工杨	1255.99	4	63.47	16
13	山杨	615.17	12	73.95	5
14	胡桃楸	1870.71	2	61.35	19
15	榆树	1094.97	6	64.31	14
16	阔叶混交林	157.91	22	79.31	2
17	针叶混交林	618.47	11	42.14	26
18	针阔混交林	688.96	10	65.64	13
19	疏林地	1176.58	5	51.96	22
20	未成林造林地	536.88	13	69.40	10
21	苗圃地	1	1	42.19	25
22	宜林地	326.62	17	72.35	6
23	农地	163.91	21	82.91	1
24	沼泽地	573.99	13	51.25	24
25	水域	2518.73	1	66.75	11
26	建设用地	1002.24	7	70.69	8
27	居民用地	640.96	11	62.31	17

（五）亚布力森林公园景观多样性分析

景观多样性是指景观单元在结构和功能方面的多样性,反映了景观的复杂程度。一般来说,景观多样性指数越高,景观的异质性程度越高。同生物多样性指数的测度一样,确定研究对象的分类单位和空间分辨率大小,对测度结果有显著影响。本研究采用香农型多样性指数、均匀度指数、优势度指数反映亚布力森林公园景观多样性。影响景观多样性指数大小的因素主要有两个方面:一是景观中景观要素类型的数量,这取决于研究对象的生态学尺度和空间分辨率;二是各景观要素类型间的面积分配比例关系。

多样性指数是景观斑块丰富程度和均匀程度的综合反映。香农型多样性指数大小反映景观要素的多少和各要素所占比例的变化。随着香农型多样性指数值的增加,景观结构组成的复杂性、异质性也趋于增加。从表 3-15 可以看出,2014 年亚布力森林公园香农型多样性指数为 2.66,表明存在占优势的景观类型,整体景观多样性不高。这一计算结果与亚布力森林公园实际情况相符合。在亚布力森林公园内,阔叶混交林景观、椴树林景观、落叶松林景观、色木林和农地景观是基质景观,其中阔叶混交林景观面积最大,占总面积的 18.45%,占有林地面积的 24.76%。其他各类型景观镶嵌其中。

表 3-15　亚布力森林公园景观总体格局指数

香农型多样性指数	香农型均匀度指数	优势度指数
2.66	0.81	1.57

均匀度指数是指景观多样性对最大多样性的偏离程度,反映景观组分中由某种或某些景观类型支配景观的程度,通常以多样性指数和其最大值的比来表示,其值越大,表明景观各组成成分分配越均匀。当香农型均匀度指数趋于 1 时,说明景观中没有明显的优势类型,且各斑块类型在景观中均匀分布,景观斑块分布的均匀程度亦趋于最大。亚布力森林公园内香农型均匀度指数为 0.81,趋于 1,说明亚布力森林公园内没有明显的优势类型景观,这样结果与实际情况相符,亚布力森林公园内主要景观类型为阔叶混交林景观、农地景观、椴树林景观、落叶松林景观和色木林景观,各占总面积的 18.45%、11.49%、13.09%、8.82% 和 8.75%。

景观优势度指数用于测度景观多样性对景观最大多样性的偏离程度,和均匀度指数一样,描述景观由少数几个主要的景观类型控制的程度,它与多样性指数成反比。亚布力森林公园内的优势度指数为 1.57,表明在整体景观中受一种或少数几种景观要素控制的程度较高,景观异质性较低。亚布力森林公园内阔叶混交林景观、农地景观、椴树林景观、落叶松林景观和色木林景观占据优势。

从选取的反映整体格局的指标计算结果来看,亚布力森林公园内各景观类型总体多样性不高,优势类型景观明显,景观要素分布相对均匀,分散不明显。同时也从另一个侧面反映出亚布力森林公园所处的地理位置所形成的地带性植被为典型的温带落叶阔叶林植被群落。

本章小结

本章着重研究了亚布力森林公园内景观类型、景观格局及其地形空间分异特征。景观类型划分采用二级分类类法,把亚布力森林公园分成一级景观和二级景观,一级景观分 10 类,二级景观分 18 类;景观格局分析采用了 Fragstats 景观格局分析软件,选取了 15 个常用的景观指数,从斑块类型水平和景观水平两个层次详细分析了亚布力森林公园内景观类型的空间分布格局特征、空间异质性特征、空间相互关系和景观多样性特征,并结合地形特征分析了景观在不同海拔、坡向和坡度的分布格局。

通过地形因子特征分析,亚布力森林公园景观类型随着海拔、坡度和坡向的变化,景观类型也随之发生有规律的变化,受地形因子影响明显。森林景观主要分布在海拔 200～1000 米之间,主要分布在＜25°的坡地上,主要分布在阴坡、半阴坡和半阳坡。

有林地是亚布力森林公园景观的基质,控制着景观整体结构、功能和动态过程,起着主导作用。农地、未成林地、宜林地、苗圃和建设用地等景观斑块镶嵌于有林地景观中。亚布力森林公园景观类型多样,森林类型丰富,以阔叶混交林和落叶林为主,针叶林较少,以天然林为主、人工林为辅,以幼龄林景观为主。天然次生林过渡性特征明显,景观功能和动态过程复杂。

从斑块规模来看,亚布力森林公园整体景观破碎化程度低,斑块比较集中,破碎化程度低,且集中成片分布,个别景观存在破碎化现象,这与林木的生物学特征和人为干扰因素有关;从斑块形状指数分析,景观类型的斑块形状受自然因素和人为因素的双重作用影响,林地景观类型的形状最复杂,在有林地中,樟子松林景观类型的形状复杂,阔叶混交林和针阔混交林的斑块形状相对简单;从景观异质性指标分析,景观类型多样,景观异质性程度相对较大,破碎化程度低;从景观要素空间相互关系分析,各景观要素总体上空间分布相对均匀,呈团聚装分布,但个别景观要素空间分布比较分散,相互之间距离较大,如胡桃楸、红松、人工杨、榆树景观;从景观多样性来看,亚布力森林公园内各景观类型总体多样性不高,优势类型景观明显,景观要素分布相对均匀,分散不明显,为典型的丘陵山地温带落叶阔叶林植被群落。

第四章

研究区群落结构特征分析

群落物种组成与结构是群落生态学的基础,具备不同功能特性的物种个体相对多度的差异及其在群落中的空间分布方式,是形成不同群落生态功能的基础。物种多样性不仅可以反映植物群落和生态系统的特征,也可以直接或间接地体现群落和生态系统的结构类型、组织水平、演替阶段、稳定程度和生态环境差异等。通过亚布力森林公园森林群落结构特征分析,可以为亚布力森林公园森林景观建设、生物多样性保护和森林生态功能的发挥提供理论依据。

第一节　研究方法

一、样地设置与调查

根据第二章第二节关于野外数据调查方法,调查对象为森林景观,根据不同生境条件,在不同林分下共调查了 35 个植物群落样地,落叶松林 4 个(1～4号样地),阔叶混交林 4 个(5～8 号样地),椴树林 3 个(9～11 号样地),色木林 3个(12～14 号样地),山杨林 3 个(15～17 号样地),枫桦林 3 个(18～20 号样地),针阔混交林 3 个(21～23 号样地),水曲柳林 2 个(24～25 号样地),白桦林2 个(26～27 号样地),红松林(28 号样地)、樟子松林(29 号样地)、云杉林(30 号样地)、冷杉林(31 号样地)、人工杨林(32 号样地)、胡桃楸林(33 号样地)、榆树林(34 号样地)和针叶混交林(35 号样地)各 1 个。样地面积大小为 20 米×30米,其中包含灌木样方、草本样方各 175 个,其中灌木样方大小 5 米×5 米,草本样方大小 1 米×1 米。

在样地内进行每木检尺,记录每块样地内所有树木树种、胸径、树高、冠幅、林分郁闭度、林龄结构、生长状况(腐倒木、枯立或正常),同时记录海拔、坡度、坡向、坡位和人为活动影响(表4-1)。对林内灌木及草本植物,分别记载其种类、多度、盖度、平均高度、株数、小生境状况(如生长于倒木上或林窗内等)。计算乔木层重要值,灌木层及藤本植物的多频度,同时结合二调数据分析亚布力森林公园群落数据。

表4-1 亚布力森林公园群落调查样地的地理位置及概况

序号	经度	纬度	海拔	坡度	坡向	人为活动
1	128°30′56.76″	44°42′25.65″	500	16.5	阴坡	轻微
2	128°31′38.53″	44°43′2.24″	487	23	半阴坡	轻微
3	128°27′17.75″	44°41′50.37″	748	13.5	半阴坡	弱
4	128°31′49.74″	44°47′48.35″	369	9	半阴坡	强烈
5	128°32′4.1″	44°46′6.6″	715	16	半阳坡	轻微
6	128°27′20.97″	44°44′6.45″	718	17	阴坡	轻微
7	128°30′34.56″	44°41′45.9″	570	16	阴坡	弱
8	128°32′33.18″	44°45′2.47″	437	8	阳坡	强烈
9	128°33′42.99″	44°46′55.24″	480	13	半阴坡	轻微
10	128°31′9.16″	44°44′41.77″	449	22	阳坡	轻微
11	128°26′51.32″	44°40′45.96″	1230	19	阴坡	弱
12	128°32′9.63″	44°47′7.72″	473	17	阴坡	强烈
13	128°26′3.32″	44°45′48.93″	813	23	半阳坡	轻微
14	128°27′48.59″	44°40′22.66″	784	19	半阴坡	轻微
15	128°30′43.25″	44°45′23.44″	448	13	半阴坡	强烈
16	128°26′43.19″	44°41′50.21″	1125	21	阴坡	弱
17	128°27′53.26″	44°45′31.25″	498	13.5	阴坡	轻微
18	128°26′51.32″	44°40′19.79″	763	12	半阴坡	轻微
19	128°26′57.51″	44°43′5.27″	817	16.5	半阳坡	轻微
20	128°26′11.49″	44°41′41.47″	1104	20	半阴坡	弱
21	128°26′2.03″	44°45′27.49″	846	21	阴坡	轻微
22	128°30′29.76″	44°45′19.09″	441	13	阳坡	强烈
23	128°26′19.37″	44°44′4.02″	1165	4	半阴坡	弱

序号	经度	纬度	海拔	坡度	坡向	人为活动
24	128°29′19.86″	44°41′0.58″	590	6	阴坡	轻微
25	128°29′26.12″	44°43′23.11″	457	0.5	半阳坡	强烈
26	128°29′54.62″	44°43′28.59″	430	0	阴坡	强烈
27	128°32′30.46″	44°47′36.74″	340	1	平坡	强烈
28	128°29′19.66″	44°47′4.86″	351	9	阴坡	强烈
29	128°31′17.07″	44°43′53.59″	384	23	阳坡	轻微
30	128°31′20.09″	44°43′52.53″	465	11	半阳坡	轻微
31	128°26′55.41″	44°41′29.91″	903	5	半阴坡	轻微
32	128°29′57.75″	44°46′8.24″	375	18	半阴坡	轻微
33	128°27′14.15″	44°45′33.21″	610	1	阴坡	强烈
34	128°29′43.35″	44°44′55.32″	400	10	阴坡	弱
35	128°29′56.87″	44°44′56.45″	430	17	阳坡	轻微

二、重要值计算

分别计算乔木层、灌木层及草本层的重要值。以重要值(IV)作为评价植物在植物群落中作用的综合性数量指标,重要值计算公式如下:

$$IV(乔木)=(相对密度+相对高度+相对显著度)/3 \tag{4-1}$$

$$IV(灌木、草本)=(相对密度+相对频度+相对盖度)/3 \tag{4-2}$$

式中:相对密度=某个种的个体数/全部植物的个体数,相对高度=某个种的高度/全部植物的总高度,相对显著度=某个种的胸高断面积和/样地面积,相对频度=某个种在全部样方中的频度和/所有种的频度和,相对盖度=某个种的盖度/所有种的总盖度。

三、群落综合特征测度

(一)丰富度指数 R

丰富度指数 R,由下式求得。

$$R = S/\ln A \tag{4-3}$$

式中,S 为样本中观察的物种,A 为样地面积,反映群落总体多样性。

(二)多样性指数

采用物种多样性指数、均匀度及生态优势度作为描述群落的综合特征的指标。香农－威纳指数、辛普森多样性指数和皮卢均匀度指数,对群落物种多样性进行分析,各指数的计算公式如下:

香农－威纳指数:

$$H = -\sum P_i In P_i \tag{4-4}$$

皮卢均匀度指数:

$$E = H/InS \tag{4-5}$$

辛普森多样性指数:

$$\lambda = \frac{\sum_{i=1}^{s} N_i(N_i-1)}{N(N-1)} \tag{4-6}$$

其中,H 是香农－威纳指数,S 是样方内种数,J 是样方内物种均匀度指数,反映不同物种个体数目的相对均匀程度。N_i 为样方中等 i 种的重要值,N 为样方中所有种的重要值之和,P_i 为第 i 种的相对重要值,S 为样地的物种总数。H 指数因满足相同种数情况下,种间个体数越均匀,指数越高的条件,所以除包含物种丰富度的信息外,还反映了物种的均匀度。

四、土壤养分化学分析

(一)土壤全氮

土壤中的氮大部分以有机态(蛋白质、氨基酸、腐殖质、酰胺等)存在,无机态(NH_4^+、NO_3^-、NO_2^-)含量极少,全氮量的多少决定于土壤腐殖质的含量。

测定土壤全氮主要用开氏法,也可以用扩散法来测定消煮液中的氨态氮。本研究中对全氮的测定即采用后一种方法。

(二)土壤全磷

土壤全磷量是指土壤中各种形态磷素的总和。土壤中磷的有效性是指土壤中存在的磷能为植物吸收利用的程度。有些土壤中的磷容易被植物吸收利用，有的却比较难被吸收利用。植物吸收土壤中磷的能力涉及到土壤溶液中磷的浓度和植物吸收能力等因素。土壤溶液中磷的浓度高，则植物吸收的就多；大型植物从土壤中吸收磷的能力较强。土壤全磷的测定常用硫酸－高氯酸消煮法。

（三）土壤速效钾

植物一般直接从土壤中吸收水溶性钾，但交换性钾可以很快和水溶性钾达到平衡，因此，土壤速效钾包括水溶性钾和交换性钾。土壤中供钾能力的大小，取决于各种形态的钾含量的多少和相互转化的量。土壤有效钾主要有旱离子态和水溶性钾盐两种形式。在作物营养生长时期，钾被大量吸收，用以活化酶系统。在植物体中，钾往往较集中地分布于代谢活动旺盛的幼嫩组织中。它的主要生理作用表现在：促进作物的多种代谢，促进有机物质的合成，增强作物的抗性。土壤有效钾测定通用的方法是火焰光度法。

（四）土壤有机质

有机质是土壤的重要组成部分，其含量虽少，但在土壤肥力上的作用却很大，它不仅含有各种营养元素，而且还是微生物生命活动的能源。土壤有机质的存在对土壤中水、肥、气、热等各种肥力因素起着重要的调节作用，对土壤结构、耕性也有重要的影响。因此，土壤有机质含量的高低是评价土壤肥力的重要指标之一。测定土壤有机质最通用的方法是重铬酸钾－硫酸氧化法。

第二节　结果分析

一、亚布力森林公园主要植物种类

根据亚布力森林公园多年调查记录,目前共有 763 种植物,多数植物种的区系性质属于温带,少数属于寒温带。其中,蕨类植物 7 科 26 属 45 种,裸子植物 1 科 4 属 7 种,被子植物 86 科 324 属 744 种。本次所调查的 35 个样地,本次调查的物种共 297 种,隶属 20 科 40 属,其中,蕨类植物 7 科 16 属 35 种,裸子植物 1 科 4 属 5 种,被子植物 50 科 178 属 257 种。

二、主要森林群落结构分析

(一)直径结构分析

在林分内各种大小直径林木的分配状态,称为林分的直径结构,林分直径结构是最基本的林分结构,不仅因为林分直径便于测定,更因为它是许多森林经营技术的理论依据。

根据野外标准地调查数据,对选定的 17 个森林群落类型直径大于 1 厘米的乔木个体进行分析,按直径大小分为 7 个等级:径级Ⅰ:1 厘米 ≦ D≦10 厘米;径级Ⅱ:10 厘米<D ≦ 25 厘米;径级Ⅲ:25 厘米<D ≦ 35 厘米;径级Ⅳ:35 厘米<D ≦ 45 厘米;径级Ⅴ:45 厘米<D ≦ 55 厘米;径级Ⅵ:55 厘米<D ≦ 65 厘米;径级Ⅶ:65 厘米<D ≦ 75 厘米。从表 4-2 可以看出,研究区主要森林群落类型乔木树种的直径主要分布在径级Ⅰ和径级Ⅱ之间,径级Ⅲ和径级Ⅳ之间所占比重较少,径级Ⅴ以上没有分布。主要因为亚布力森林公园主要为天然次生幼龄林,大径级的木材相对较少,径级分布不均匀。

表 4-2　不同类型森林群落直径结构

群落类型	Ⅰ	Ⅱ	Ⅲ	Ⅳ	Ⅴ	Ⅵ	Ⅶ	总株数/900 平方米
落叶松	65	55	12	3	0	0	0	135
红松	35	42	4	0	0	0	0	81

群落类型	I	II	III	IV	V	VI	VII	总株数/900 平方米
樟子松	47	35	14	0	0	0	0	96
云杉	32	25	5	0	0	0	0	62
冷杉	26	34	28	10	0	0	0	98
椴树	38	36	9	0	0	0	0	83
柞树	56	61	8	0	0	0	0	125
色木	34	45	0	0	0	0	0	79
水曲柳	18	21	2	0	0	0	0	41
白桦	35	38	14	2	0	0	0	89
枫桦	25	34	8	1	0	0	0	68
人工杨	58	24	5	0	0	0	0	87
山杨	25	18	5	3	0	0	0	51
胡桃楸	12	8	4	0	0	0	0	24
榆树	25	21	10	3	0	0	0	59
阔叶混交林	65	88	25	10	0	0	0	188
针叶混交林	57	63	16	3	0	0	0	139
针阔混交林	60	34	18	13	0	0	0	125

针叶林以人工林为主,树木直径分布在 7～25 厘米之间,平均直径为 17.3 米。冷杉直径相对较大,直径主要分布在 7～35 厘米,冷杉直径相对较大,因为冷杉林主要为近熟林和成熟林。其他针叶林直径相对较小,主要为幼龄林。

阔叶树种主要为天然次生林,为先锋树种,直径主要分布在 5～20 厘米,平均直径为 15.2 厘米,林分直径相对分布比较均匀,林龄分布也相对均匀。

从统计数据来看,人工林直径小于天然林,因为人工林以幼龄林为主,而天然林林龄分布相对来说中、幼、近和成熟分布比较均匀。

(二)高度级结构分析

在林分中不同树高林木的分配状态,称作树高结构。在林相整齐的林分中,有林木高矮之分,并且形成一定的树高结构规律,不同类型森林群落高度级结构见表 4-3,一般来说,林木胸径越大,林木也越高,林木高于胸径之间存在正相关。按乔木的高度,将林木高度分为 4 个等级:高度级Ⅰ:0 米≤H≤10 米;高度级Ⅱ:10 米<H≤25 米;高度级Ⅲ:25 米<H≤35 米;高度级Ⅳ:H>35 米。从调查统计结果可知,调查区内树木的高度主要在 0 米～10 米和 10 米～25 米之间,林木高度 25 米以上的林木相对较少,35 米以上的更少。针叶林平均树高为 16.4 米,阔叶林平均树高为 11.2 米。从研究结果可知,林分的直径分布规律和高度分布规律基本一致,林木分布具有一定的层次性,林相较为整齐。

表 4-3　不同类型森林群落高度级结构

群落类型	Ⅰ	Ⅱ	Ⅲ	Ⅳ	株数/900 平方米
落叶松	59	55	32	8	135
红松	21	32	8	0	81
樟子松	47	35	14	0	96
云杉	32	25	5	0	62
冷杉	36	54	8	0	98
椴树	24	18	9	0	83
柞树	61	56	8	0	125
色木	47	32	0	0	79
水曲柳	18	21	2	0	41
白桦	35	38	14	2	89
枫桦	25	34	8	0	68
人工杨	58	24	5	0	87
山杨	25	18	5	3	51
胡桃楸	12	8	4	0	24
榆树	25	21	10	3	56
阔叶混交林	65	88	25	10	188

群落类型	I	II	III	IV	株数/900平方米
针叶混交林	46	63	22	8	139
针阔混交林	44	50	18	13	125

三、主要森林群落特征分析

(一)主要森林群落特征描述

亚布力森林公园属于长白山植物区系,是东北东部山区较典型的天然次生林区,原地带性顶级群落为红松阔叶林。

1.针叶林树种

针叶林树种有落叶松、红松、云杉、冷杉和樟子松。共设置8块样地,落叶松4个,其他树种各1个。

落叶松是亚布力森林公园的主要树种,主要为人工林,占有林地面积的11.83%,主要分布在海拔200～600米之间。落叶松林是北方和山地寒温带干燥寒冷气候条件下最具有代表性的一种森林植被类型,它生长迅速,材质优良,是我国主要用材树种之一。根据样地调查数据,落叶松林郁闭度在0.4～0.8之间,平均高度在24.6米,平均胸径为21.5厘米。在落叶松林形成了不同程度的天然更新层,主要伴生树种有椴树、白桦、水曲柳、蒙古栎等。林下主要灌木树种有茶条槭、卫矛、东北山梅花等,林下草本有宽叶蒿、小叶草、铁线莲、紫苑、茜草、蒲公英、山苦荬等。

红松、云杉、冷杉和樟子松群落,全部为人工林。与落叶松林相比,这几种林分群落结构简单,林下植被相对较少。红松林下主要伴生树种有色木、榆树、椴树、水曲柳,同时也有人工混交树种人工杨和落叶松。冷杉林主要伴生树种有椴树、枫桦等。云杉林下主要伴生树种有云杉、樟子松、蒙古栎、枫桦。樟子松林下主要混交树种有樟子松、云杉、落叶松。林下灌木主要暖木条荚蒾、茶条槭、榛子等。草本有冰里花、凤毛菊、毛缘苔草、三分三、蕨菜、小叶草等。

2.阔叶林树种

阔叶树是亚布力森林公园的先锋树种,主要椴树、柞树、色木、山杨、胡桃楸、水曲柳、榆树、白桦、枫桦等。

椴树林是亚布力森林公园的一个主要林种,主要是紫椴,占有林地面积的17.57%,广泛分布于亚布力森林公园海拔200~800米之间。根据野外调查数据,椴树林林郁闭度在0.3~0.7之间,平均高度在9.8米,平均胸径为18.6厘米。椴树林主要伴生树种有胡桃楸、蒙古栎、水曲柳、白桦、落叶松和山杨等。林下灌木主要有榛子、卫矛、绣线菊、茶条槭、黄花忍冬、东北山梅花等,藤本有野葡萄。草本有羊胡子苔草、四花苔草、小叶草、紫苑、蒲公英等。

柞林是东北东部山地阔叶红松林区一大残遗种类型,能适应逐渐旱生化的生境。在亚布力森林公园中,蒙古栎林占有林地面积2.23%,主要分布在海拔200~600米之间。蒙古栎林郁闭度在0.5~0.6之间,平均树高为7.2米,平均胸径为11.4厘米。主要伴生树种有椴树、山杨。林下灌木有胡子枝、榛子、绣线菊、茶条槭、山梅花、卫矛、小花溲疏等。藤本有山葡萄、五味子等。草本主要有羊胡子苔草、四花苔草等。

山杨林在采伐迹地、火烧迹地、撂荒地首先成林。山杨林占有林地面积的6.23%,主要分布在海拔200~600米之间。山杨林郁闭度在0.4~0.7之间,平均树高为7.6米,平均胸径为37.8厘米。主要伴生树种有椴树、白桦、水曲柳、大青杨等。林下灌木有绣线菊、茶条槭、刺五加、忍冬等,草本主要有鸢尾、三棱草、四花苔草、蕨类等。

硬阔叶林是以水曲柳、胡桃楸和榆树为主的林分。其中水曲柳占有林地面积最大,为5.05%,主要分布在海拔400~800米之间。水曲柳林郁闭度在0.5~0.7之间,平均树高为8.3米,平均胸径为48.6厘米。主要伴生树种有椴树、山杨、枫桦色木等。林下灌木有山荆子、茶条槭、榛子、绣线菊等,草本主要有、四花苔草、小叶草、紫苑、蒲公英等。

色木,又名色木槭、五角槭,是亚布力森林公园主要秋天主要观叶树种。色木林占有林地面积11.74%,主要分布在海拔400~1200米之间。色木林郁闭度在0.4~0.7之间,平均树高8.9米,平均胸径为16.7厘米。主要伴生树种有椴树、胡桃楸、水曲柳、云杉等。林下灌木有卫矛、绣线菊、茶条槭等,草本主要有羊胡子草、毛缘台草、小叶草等。

枫桦和白桦林,二者都是桦木科桦木属的2种树种,都是亚布力森林公园的观叶和观干树种。二者分别占有林地面积的 5.89％和 3.99％,主要分布在海拔 400～1000 米之间。郁闭度为 0.3～0.7。平均树高分别为 18.9 米和 20.3 米,平均胸径分别为 18.5 厘米和 19.2 厘米。枫桦林主要伴生树种有杨树、椴树、胡桃楸、水曲柳、云杉、黄菠萝等。白桦林主要伴生树种有杨树、水曲柳、椴树、胡桃楸等。二者林下灌木有茶条槭、绣线菊、锦带、胡枝子等,草本主要有小叶草、毛缘苔草、蕨类、景天三七、早熟禾、三分三等。

阔叶混交林是亚布力森林的主要森林群落类型,主要混交树种为椴树、柞树、色木、山杨、胡桃楸、水曲柳、榆树、白桦、枫桦,阔叶混交林占有林地面积 24.76％,主要分布在海拔 400～800 米之间,郁闭度为 0.3～0.7,平均树高分别为 8.9 米,平均胸径分别为 15.3 厘米。林下灌木主要有卫矛、榛子、绣线菊、茶条槭、胡枝子等,藤本有野葡萄、五味子,草本有羊胡子苔草、小叶草、紫苑、蒲公英等。

3. 针阔混交林

主要混交树种有 2 枫桦＋2 冷杉＋2 云杉＋1 色木＋1 椴树＋1 榆树;3 枫桦＋3 冷杉＋2 云杉＋1 榆树＋1 色木;2 冷杉＋2 色木＋2 枫桦＋1 水曲柳＋1 胡桃楸＋1 椴树＋1 黄菠萝;3 柞树＋3 红松＋2 椴树＋1 色木＋1 白桦;2 榆树＋2 色木＋2 云杉＋1 冷杉＋1 枫桦＋1 水曲柳＋1 椴树;5 樟子松＋5 人工杨,主要分布在海拔 400～1200 米之间。根据标准样地调查数据,针叶混交林的郁闭度在 0.3～0.7 之间,平均树高为 13.4 米,平均胸径为 14.3 厘米。林下灌木主要绣线菊、茶条槭、榛子、丁香、悬钩子、杜鹃等,草本有毛缘苔草、羊胡子苔草、三分三、蕨菜等。

(二)主要森林群落特征值

植物种类组成是植物群落的最重要、最基本特征之一,是群落结构形成及植物资源开发利用的基础。植物种类的重要值在森林群落分析中提出的,其数值大小可作为群落中植物种优势度的一个度量标志,指出群落中每种植物的相对重要性及植物的最适生境。综合样地平均值,从表 4-4 可知,在人工针叶林群落中,落叶松的重要值大于其他针叶树种,其值为 0.64,说明落叶松林相对来说较适合在亚布力森林公园森林生长;其次是冷杉林,其值为 0.53;樟子松林最小为 0.36。阔叶林中阔叶混交林的重要值最大为 0.72;其次是椴树林,为 0.67;榆树林最小为 0.29。阔叶林及其混交林是亚布力森林公园的先锋树种,生长能力相对较强,亚布力森林公园的立地条件相对来说更适合阔叶林生长,其重要值相对高于针叶林。

表 4-4 不同类型森林群落特征值

群落类型	R	H	E	λ	重要值
落叶松	7.5	0.87	0.223	0.038	0.64
红松	5.74	0.84	0.23	0.040	0.42
樟子松	6.18	0.75	0.201	0.045	0.32
云杉	6.76	0.86	0.225	0.039	0.36
冷杉	5.44	0.74	0.205	0.047	0.53
椴树	8.68	1.03	0.253	0.037	0.67
柞树	7.06	0.85	0.220	0.047	0.56
色木	8.09	1.01	0.252	0.039	0.59
水曲柳	7.21	0.87	0.224	0.062	0.57
白桦	8.09	0.98	0.244	0.046	0.55
枫桦	7.79	0.98	0.247	0.058	0.58
人工杨	3.53	0.56	0.177	0.06	0.30
山杨	9.26	1.13	0.273	0.042	0.63
胡桃楸	9.56	1.18	0.283	0.045	0.36
榆树	6.76	1.12	0.292	0.034	0.29
阔叶混交林	8.38	1.24	0.307	0.040	0.72
针叶混交林	4.71	0.65	0.187	0.051	0.39
针阔混交林	6.32	0.84	0.223	0.053	0.58

注:R:丰富度指数;H:香农-威纳指数;E:Pielou 均匀度指数;λ:Simpson 指数。

由于各个群落环境条件不同,各群落内的物种数目和物种的丰富度均不相同。导致各群落内丰富度指数、香农-威纳指数、Simpson 指数和 Pielou 均匀度指数各不相同。

从物种丰富度指数来看,针叶林内落叶松下物种丰富度指数最大,其次是云杉,最小的是冷杉,因为冷杉林郁闭度较大,其他针叶林郁闭度相对较小,较多太阳直射光,为林下植物生长创造了条件。阔叶林内山杨和胡桃楸林内物种丰富度指数较大,其次是椴树、阔叶混交林、色木、白桦、枫桦,相对较少的是柞树、榆树,最小的是人工杨内。

群落总体多样性、均匀度和生态优势度采取乔、灌、草各层物种直接参与多样性计算的方法。

物种多样性指数是对群落的种数、个体总数以及各个种群个体的均匀程度进行度量的指标。针叶林中香农—威纳指数的大小顺序是落叶松>云杉>红松>樟子松>冷杉>针叶混交林。阔叶林中香农—威纳指数的大小顺序是阔叶混交林>胡桃楸>山杨>椴树>色木>白桦>枫桦>水曲柳>柞树>榆树>人工杨。物种多样性指数与物种丰富度指数呈正比。

群落均匀度是指当群落中种数和个体总数一定时,各种的个体数最均匀时具有最大的多样性。针叶林中物种的分布差别不大,其值在 0.201～0.230 之间,物种在各样地内分布相对均匀。阔叶林中,阔叶混交林最大,值为 0.307,人工杨林最小,其值为 0.177,其他阔叶林下物种的均匀度指数差别不大。

生态优势度是综合群落中各个种群的重要性,反映诸种群优势状况的指标。在针叶林中冷杉林生态优势度值最大,为 0.047;其次是樟子松林,为 0.045,其他针叶林群落中生态优势度值相差不大。阔叶林中生态优势度最大的为水曲柳林,其值为 0.062;其次是人工杨林,为 0.060;最小的是榆树林群落,其值为 0.034。群落生物多样性和均匀度对比分析,生态优势度与群落的多样性指数和均匀度呈一种负相关关系。

四、森林病虫害调查

森林病虫害是一场无烟的火灾,对森林的破坏是毁灭性的。森林是否健康与有无病虫有很大关系,病虫害是森林生态系统的一种典型的威胁因素。根据所设置的样地,调查发现研究区森林病虫危害现象普遍较轻(见表 4-5),病虫害在可控范围之内。常见的病虫害有杨树烂皮病、白粉病、落叶松松瘿小卷蛾、毛虫、杨树蛀干害虫杨干象甲、星光肩天牛、云杉八齿小蠹虫等。

表 4-5　不同类型森林群落病虫害调查情况

群落类型	食叶虫	病菌	危害程度
落叶松	毛虫、小卷蛾	无	轻微
红松	无	疱锈病	轻微
樟子松	无	无	无
云杉	小蠹虫	无	轻微
冷杉	无	无	无
椴树	无	无	无
柞树	舟蛾	无	轻微
色木	无	白粉病	轻微
水曲柳	白蜡窄吉丁	无	轻微
白桦	无	无	无
枫桦	无	无	无
人工杨	天牛、象甲	烂皮病	轻微
山杨	天牛	烂皮病	轻微
胡桃楸	无	无	无
榆树	金花虫	无	轻微
阔叶混交林	舟蛾	无	轻微
针叶混交林	小卷蛾	无	轻微
针阔混交林	无	无	无

五、森林土壤养分分析

土壤是植物生长重要的物质基础,不仅为植物生长提供必需的矿质营养元素、水分、空气和微生物,而且也是生态系统中物质和能量交换的重要场所。土壤肥力状况直接影响植物的生长发育,影响植物物种的分布格局。本研究分为11 种主要群落的土壤全氮、全磷、速效钾、有机质和 PH 值,为亚布力森林公园森林群落的保育土壤价值和健康评价提供理论数据。

从表 4-6 分析结果来看,亚布力森林公园内天然阔叶林有机质含量明显高于人工针叶林含量,针叶林有机质含量在 2.12%～4.23% 之间,平均值为 3.24%;阔叶林有机质含量在 5.42%～11.23%,平均值为 7.41%;椴树林最高,为 11.23%。有机质含量是土壤质量的主要标志,有机质丰富的土壤具有良好的理化性状,保肥保水效果好。

表 4-6 不同类型森林群落土壤养分状况

群落类型	有机质(%)	全氮(%)	速效钾(%)	速效磷(%)	PH 值
落叶松	4.23	0.34	1.17	0.042	4.98
红松	3.67	0.22	0.96	0.021	5.16
樟子松	2.77	0.21	1.13	0.019	5.77
云杉	3.45	0.28	0.89	0.027	5.15
冷杉	3.23	0.24	1.05	0.06	5.64
椴树	11.23	0.63	2.15	0.11	6.25
柞树	10.48	0.75	2.21	0.065	5.93
色木	6.35	0.61	1.57	0.055	5.55
水曲柳	5.42	0.46	1.78	0.042	6.01
白桦	6.56	0.47	1.92	0.057	5.78
枫桦	6.84	0.45	1.95	0.063	6.05
山杨	6.12	0.37	1.79	0.049	5.37
榆树	5.47	0.35	181	0.073	5.78
阔叶混交林	8.25	0.48	1.47	0.153	5.63
针叶混交林	2.12	0.16	0.87	0.034	4.93
针阔混交林	4.21	0.32	1.34	0.057	5.73

土壤全氮与有机质密切相关。从统计结果来看,天然阔叶林群落高于人工针叶林含量。人工针叶林全氮含量在 0.16%～0.34% 之间,平均值为 0.24%;阔叶林全氮含量在 0.35%～0.75% 之间,平均值为 0.51%。研究结果与有机质含量的规律基本一致。

从速效钾和速效磷来看，天然阔叶林大于人工针叶林，人工针叶林速效钾含量在 0.87％～1.17％ 之间，平均值为 1.01％；落叶阔叶林速效钾含量在 1.57％～2.21％ 之间，平均值为 1.85％，明显高于人工针叶林。速效 P 含量，针叶林在 0.019％～0.042％，平均值为 0.034％；阔叶林在 0.042％～0.11％ 之间，平均值为 0.074％。

从分析结果来看，亚布力森林公园土壤呈微酸性到酸性，针叶林的 PH 值小于阔叶林，说明针叶林的酸度大于阔叶林。

综上所述，针叶林的有机质、全氮、速效钾、速效磷含量均低于阔叶林，主要原因是针叶林的枯枝落叶分解速度慢，而阔叶林的枯枝落叶分解速度快，有利于积累营养物质，提高土壤肥力。所以要想提高人工林的生长速度，可以人工施肥，协助提高土壤肥力。

本章小结

本章对亚布力森林公园内森林群落的径级结构、高级结构、群落特征值、土壤养分和森林病虫害等进行了调查与分析,结果表明:研究区针叶林树木的平均直径 17.3 厘米,平均树高为 16.4 米;阔叶林树木的平均直径为 15.2 厘米,平均树高为 11.2 米。林分的直径分布规律和高度分布规律基本一致。

森林群落特征值主要有物种丰富度指数、多样性、均匀度、生态优势度及重要值等。针叶林中落叶松的重要值为 0.64,大于其他针叶群落;阔叶林中阔叶混交林的重要值最大,为 0.72,大于其他阔叶林群落,说明落叶松林和阔叶混交林更适合于该地区的立地条件。从物种丰富度指数、物种多样性指数、群落均匀度和生态优势度来看,不同群落总体差异不大,阔叶林内物种丰富度指数、物种多样性指数和群落均匀度大于针叶林;针叶林群落生态优势度相对大于针叶林。群落生物多样性和均匀度对比分析,生态优势度与群落的多样性指数和均匀度呈一种负相关关系。

土壤化学分析表明,土壤的有机质含量在 2.12%～11.23% 之间,土壤全氮含量在 0.16%～0.75% 之间,土壤速效钾含量在 0.87%～2.21% 之间,速效磷含量在 0.019%～0.11% 之间。土壤 PH 值呈微酸性至酸性。针叶林的有机质、全氮、速效钾、速效磷含量均低于阔叶林。森林群落病虫害调查表明,亚布力森林公园内林木抗性较强,森林病虫害普遍较轻,并在可控范围之内。

第五章

亚布力森林公园森林生态系统服务功能评价

生态系统是生物圈的基本组织单元,它不仅为人类提供各种商品,同时在维持生命的支持系统和环境的动态平衡方面起着不可取代的重要作用。国外学者对全球生态系统服务进行了评价,在国内外引起了广泛关注。1999 年,也有学者呼吁进行国际生态系统评价,尤其是增加生态系统服务方面的信息。生态系统服务是人类生存与现代文明的基础,维持与保育生态服务功能是实现可持续发展的基础,分析与评价生态系统服务的间接价值已成为当前生态学和生态经济学的前沿课题。生态系统服务功能直接关系到人类福祉,对其进行合理分析和评估,有助于人类对自然生态系统的可持续开发与利用,从而实现生态系统的可持续管理。我国科学家对我国森林、草地、陆地的生态系统服务进行了评价和研究,但目前对小尺度的生态系统服务功能评价比较少,尤其是缺少这方面的对比资料。本章以亚布力森林公园为例,探讨亚布力森林公园的生态服务功能,为大尺度评价提供基础资料。根据第三章的研究结果,亚布力森林公园总土地面积为 14 051.5 公顷,其中有林地面积为 10 467.95 公顷,占总面积的 74.5%。本章以有林地为评价对象,评估亚布力森林公园有林地的生态服务功能。

在生态服务功能研究中,国内外研究最早、最多的是森林生态系统。森林生态系统服务功能是指森林生态系统与生态过程所形成及所维持人类赖以生存的自然环境条件与效用。从复合生态系统的角度来看,它不仅包括该系统为人类提供食品、医药和其他工农业生产的原料,更重要的是支撑与维持地球的生命支持系统,维持生命物质的生物地化循环与水文循环,维持生物物种与遗传多样性,净化环境,维持大气的平衡与稳定。森林的生态服务功能主要包括直接功能和间接功能,直接功能包括提供林产品功能,如木材,水果、油料等;间接功能主要有调节气候、固碳释氧、防风固沙、涵养水源等。森林生态服务功能对改善生态环境，维持生态平衡，保护人类生存发展的"基本环境"起着决定性和不可替代的作用。对森林生态系统生态服务功能进行科学评价，对保护森林与可持续经营管理具有重要意义。本章从亚布力森林公园森林生态系统服务功能评价指标选择生物量、碳储量、涵养水源、保育土壤、营养物质积累、净化大气、保护森林多样性和森林游憩等方面评价森林生态系统对社会的贡献。

第一节 研究方法

一、评价指标的筛选

森林生态服务功能评价的主要难点之一，是评价指标的筛选和评价方法的应用。综合利用前人的研究成果，结合亚布力森林公园森林资源的实际情况，建立亚布力森林公园生态服务功能评价指标体系(图 5-1)。

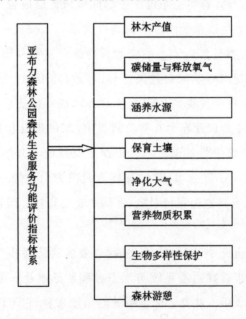

图 5-1 亚布力森林公园森林生态服务功能评价指标体系框架

二、木材价值评价

活立木潜在的价值是森林生产效益的重要组成部分。目前活立木价值核算的常用方法有收益法、成本法、市场价值算法等。本研究采用市场价值法来评估其价值。根据当前木材市场的木材价格和相关资料,确定各优势种的单位活立木价格,代替各植被类型的活立木价格,再用单位活立木价格乘以各森林类型净增长蓄积量,得到其林木价格。

$$V = \sum T \times S_i \times V_i \times P_i \tag{5-1}$$

该公式中,V 为亚布力森林公园森林生态系统木材总价值,T 为出材率,S_i 为第 i 类林分类型的分布面积,V_i 为第 i 类林分单位面积的净生长量或产量,P_i 为第 i 类林分的木材价值。

三、固碳释氧研究

生物量是整个森林生态系统运行的能量基础和营养物质来源。生产力是评价森林生态系统结构和功能的重要指标,也是估算森林固碳能力的重要参数。森林生物量是指一个有机体或群落在一定时间内积累的有机质总量,是反映森林生态环境最基本的数量特征和重要指标之一。森林群落的生物量是森林生态系统生产力最好的指标,是森林生态系统结构优劣和功能高低最直接的表现,是森林生态系统环境质量的综合体现。同时,它也是判断森林生态系统是大气中二氧化碳的源与汇的主要标志,体现了生态系统的环境效益,是森林生态系统功能评价的重要指标和判定生态系统碳汇和调节生态过程的主要因子。

(一)森林生物量和平均生产力研究方法

1. 生物量研究方法

生物量研究方法可分为直接测量和间接估算两种。直接测量法包括皆伐法、平均木法、相对生长法和收获法。该方法虽然准确度最高,但对生态系统的破坏性大且耗时费力[①]。间接估算是利用生物量模型(包括相对生长关系和生物量-蓄积量模型)、生物量估算参数及 3S 技术等方法进行估算。直接用遥感

---

① 罗云建,张小全,王效科等.森林生物量的估算方法及其研究进展[J].林业科学,2009,45(8):129-134.

数据估测生物量的遥感方法对于农作物等单层植被的估测精度较高,对于具有复层结构的森林估计精度会显著下降,整体精度不超过 80%。

许多研究表明,森林资源连续清查数据可作为测算区域森林生物量的基础数据,并针对不同类型森林的生物量估算,提出了换算因子连续函数法。大量研究结果表明,换算因子连续函数法(利用倒数方程来表示换算因子与蓄积量密度的关系)较好地实现了由样地实测到区域推算的尺度转换,提高了估算精度,在全国森林生物量的估算中得到了较好的应用。换算因子连续函数法适合估算大尺度或国家尺度森林生物量。但是由于我国地域广阔、气候差异较大、植被类型多样,就全国尺度对某一森林类型而言,该方法存在样本数不足的缺陷,产生的误差较大。为了减少估算误差,提高估算精度,减少不必要的破坏森林资源和浪费大量的人力、物力资源,借鉴前人的研究成果,本研究采用魏亚伟等人建立的我国东北地区区域尺度上的生物量—蓄积量回归模型,估算亚布力森林公园的森林生物量。对于部分魏亚伟等人没有建立的生物量—蓄积量回归模型,主要采用公开发表的论文中的换算公式或采用近似树种参数替代法确定参数。

本研究林分的蓄积量与生物量的换算公式计算(见表 5-1)。即:

$$B = a \times V + b \tag{5-2}$$

该公式中,B 为林分中某一优势树种的生物量(吨/公顷),V 为林分中某一优势树种单位面积活立木蓄积(立方米/公顷),a、b 为参数。

表 5-1　不同树种生物量回归方程和含碳率

树种类型	生物量回归方程	样本数	相关系数	含碳率(毫克/克)
落叶松	$B=0.722V+12.28$	157	0.788 * *	454.35
红松	$B=0.634V+7.134$	88	0.99 * *	457.12
云杉/冷杉	$B=0.4642V+47.499$	—	—	447.04
樟子松	$B=0.405V+51.8$	82	0.606 * *	448.72
椴树/柞树	$B=1.207V-2.989$	26	0.977 * *	428.79
白桦/枫桦	$B=0.744V+3.989$	96	0.812 * *	451.45
色木/榆树	$B=0.76V+8.31$	11	0.99 * *	419.75
水曲柳/胡桃楸	$B=0.798V+0.42$	—	—	433.61

树种类型	生物量回归方程	样本数	相关系数	含碳率(毫克/克)
杨树	B＝0.635V＋20.57	99	0.899＊＊	433.27
针叶混交林	B＝0.708V＋26	46	0.859＊＊	451.81
针阔混交林	B＝0.788V－8.839	239	0.898＊＊	442.6
阔叶混交林	B＝0.803V－0.289	236	0.815＊＊	427.38
疏林地	B＝13.14S	—		0.45

　　方精云等根据我国的自然景观,将我国的疏林、灌木林分为三个区域:秦岭淮河以南地区、秦岭淮河以北的东部(包括东北、华北和西北的内蒙古)和西北地区(包括甘肃、青海、宁夏和新疆),它们的平均生物量分别为19.76吨/公顷、13.14吨/公顷和13.9吨/公顷,该研究采用13.14吨/公顷。

2.平均生产力

　　森林植物通过光合作用固定能量并制造有机物质的过程,称为第一性生产或初级生产。单位时间内通常为年,第一性生产制造有机物的总量为总第一性生产力。总第一性生产力一部分用于树叶的自呼吸、植物体新组织构建和旧组织维护时的呼吸,剩余部分为净第一性生产力。林木通过光合作用生产的有机物质减去林木呼吸的消耗量所剩下的部分称为净生产量,通常采用单位时间内平均净生产量作为生产力的估算指标。由于缺少林木呼吸数据,该研究采用平均生产力来评价亚布力森林公园林木生长和固定物资能力。平均生产力(NPP)是林木森林总生物量(W)除以林木年龄(A),公式如下:

$$NPP＝W/A \qquad (5-3)$$

(二)森林碳储量研究方法

　　森林作为陆地生态系统中最大的碳库,不仅维护着区域和全球生态环境系统的稳定,而且在全球碳循环中起着重要作用。全球森林总碳储量约占土壤和植物所储存碳的46%,且能以各种形式存储二氧化碳,有助于缓和全球的温室效应。碳储量由生物量乘以碳含率转换系数得出。乔木层的碳储量单指林木的活生物量,乔木小的枯死木层、草本层、枯枝落叶层以及森林土壤层等的碳储量未包括。碳含率转换系数是将生物量(干重)转换成固碳量的换算系数。本研究采用于颖等人研究的东北林区不同尺度森林的含碳率数据来估算亚布力森林公园内林木的含碳率,混交树种采用优势树种含碳率的平均值,疏林地采用公开发表论文中的数据。

(三)森林释氧效应

植物通过光合作用吸收空气中的二氧化碳,利用太阳能生产碳水化合物,同时释放出氧气。植物的这一功能对于整个生物界及全球大气平衡具有重要意义。植物利用 6772 小卡太阳能,吸收 264 克二氧化碳和 108 克水,生产出 180 克葡萄糖和 193 克氧气,然后 180 克葡萄糖再转变为 162 克多糖,以纤维素和淀粉形式存在于植物体内。

根据光合作用公式:

$$6CO_2 + 6H_2O \xrightarrow{\text{光合作用}} C_6H_{12}O_6 + 6O_2 \tag{5-4}$$

由公式可知,得到 1 吨植物干物质可以吸收 1.62 吨二氧化碳,释放 1.2 吨臭氧。根据植物体内存储的碳折算成二氧化碳,然后再求氧气。

四、涵养水源

森林涵养水源是森林的重要生态功能之一。森林涵养水源的价值主要表现在森林具有蓄水、调节净流量、削减洪峰和净化水质等功能。森林涵养水源效益的评价方法有两种:一是利用林地与非林地的河流径流曲线积分差来表示,该方法理论上比较严格,实际测定上具有较大困难;二是用森林逐项截留降水来表示,这种方法实际比较容易测定,通过森林林冠截留、枯枝落叶层和土壤层储水,对大气降水进行再分配,从而减少地表径流,调节径流的时空分布,相当于水库调节水量的作用。

(一)林冠截留

一般情况下(降雨强度为中雨,即 10～20 毫米/小时),由于森林的存在,林冠可截留降雨的 15％～30％。所以林冠截留是森林涵养水源的一个重要组成部分。

$$V_1 = \sum_{i=1}^{n} S_i \times L \times G_i \tag{5-5}$$

该公式中,V_1 是年截留量(立方米/年),S_i 是各林分面积(公顷),L 是降雨量(毫米),G_i 是截留率。

(二)枯枝落叶层的储水量

枯枝落叶层是具有一定结构的特殊的地面覆盖层,具有相当大的溶水性和透水性。不同类型林地的枯枝落叶层蓄水量差异较大,一般常用最大持水量来衡量。

$$V_2 = \sum_{i=1}^{n} S_i \times C_i \qquad (5\text{-}6)$$

该公式中,V_2 是枯枝落叶层的储水量,S_i 是不同类型林分面积,C_i 是枯枝落叶层最大持水量。

(三)土壤层的储水量

森林土壤层的蓄水量大小取决于土壤孔隙度。土壤孔隙度有毛管空隙和非毛管空隙组成。毛管空隙中储存的水分主要用于供给林木根系吸收和保持土壤水分的动态平衡;非毛管空隙储存的水一般渗透到土壤中,形成地下水。土壤中非毛孔隙度越大,越有利于水分下渗,减少洪峰流量,增加枯水期流量,从而增大森林水源涵养量。

$$V_3 = \sum_{i=1}^{n} S_i \times C_i \qquad (5\text{-}7)$$

该公式中,V_3 是土壤层的储水量(吨),S_i 是不同类型林分面积(公顷),C_i 是不同林分内土壤蓄水量(吨/公顷)。

(四)森林涵养水源价值评价

森林涵养水源价值评估,就是采用各种方法对森林涵养水源价值进行估算。综合国内外有关文献,一般采用影子工程法进行评价。影子工程法是在生态系统遭受破坏后人工建造一个工程来代替原来的生态效益,用建造新工程的费用来估计生态系统破坏所造成的经济损失的一种方法。为实现与森林涵养水源量相同的蓄水功能,假设存在一个工程,而且该工程的价值是可以计算的,那么该工程的修建费用或者说造价就可以替代该森林的涵养水源价值。这样,森林涵养水源价值的计量就转化为寻找恰当的工程造价的计量。这一数学理论模型为：

$$V = G(X1, X2, X3 \cdots Xn) \tag{5-8}$$

该公式中，V 是森林涵养水源价值，G 是替代工程造价，X 是替代工程中各项目建设费，即：

$$V = G = \sum X_i \ (i = 1, 2, \ldots n) \tag{5-9}$$

这样，森林涵养水源价值的计量就变成了其替代工程造价的计量。即涵养同样大小的水量，需要修建多大的水利工程（通常指水库）或由若干个已知的水利工程替代，从而可间接地测知森林涵养水源的价值。由于水利工程的造价较易得到，森林涵养水源的价值也就可以很容易地得到了。本研究采用影子工程法来计量亚布力森林公园内森林生态系统的涵养水源价值，根据水库工程的蓄水成本来确定亚布力森林公园森林涵养水源的经济价值，根据净化水质价格来确定亚布力森林公园森林净化水质的经济价值。

五、保育土壤

森林保育土壤的作用，主要通过林木的根系固持网络土壤，以及地面上的枯枝落叶层过滤地表径流内的固体物质和改良土壤结构来实现。降雨时无林地输出大量泥沙，这些泥沙携带大量的氮、磷、钾和有机质，造成土壤层变薄，土壤肥力下降，并淤积河流和水库，对农业生产和水库的利用造成了严重危害。而森林具有明显的保育土壤的作用，本研究主要从减少土壤面积和保育土壤肥力两个方面评价森林的保育土壤功能。

（一）减少土壤流失量

根据国内外森林保护土壤的研究方法和成果，有三种方法可以求森林减少土壤侵蚀的总量：①用无林地与有林地的土壤侵蚀差异来表示；②用无林地的土壤侵蚀量计算（忽略森林土壤侵蚀量）；③根据潜在侵蚀量与现实侵蚀量的差值计算。本研究采用第一种方法。

$$G = (K_1 - K_2) \times S \tag{5-10}$$

该公式中，G 为减少土壤侵蚀量（吨），K_1 为无林地的土壤侵蚀模数（吨/公顷·年),K_2 为当前植被覆盖下的土壤侵蚀模数(吨/公顷·年),S 为区域面积。

(二)减少土壤流失价值

根据目前建造类似工程的最低费用来计算减少土壤流失价值。主要依据挖取和运输单位体积土壤所需费用来计算。

$$D = G \times J \tag{5-11}$$

该公式中,D 为减少土壤流失的价值(元),G 为减少土壤侵蚀量(吨),J 为挖取和运输单位体积土壤所需费用(元/吨)。

(三)减少氮、磷、钾流失的经济效益

$$V = G \times \sum_{i=1}^{n} P_{1i} P_{2i} P_{3i} \tag{5-12}$$

该公式中,V 为保肥的价值(元),G 为减少土壤侵蚀量(吨),P_{1i} 为森林土壤中氮、磷、钾含量,P_{2i} 为纯氮、磷、钾折算成化肥的比例,P_{3i} 为各类化肥的价格。

(四)降低有机质流失效益

$$V = G \times v \times f \tag{5-13}$$

该公式中,V 为降低有机质流失的经济效益(元/年),G 为减少土壤侵蚀量(吨),v 为有机质的价格,f 为土壤有机质含量(%)。

六、净化大气价值

大气是人类和一切生物赖以生存的必需条件,大气质量的优劣对人体健康和整个生态系统都有着直接影响。大气中的有毒气体对人体的健康危害极大。森林中的许多树木能够吸收这些有毒有害气体,在体内通过氧化还原过程转化为无毒物质代谢利用,或积累于体内某一器官,或由根系排出体外,从而降低大气中有毒气体的浓度,对大气起到净化作用。森林净化大气环境的功能包括吸收二氧化硫、氟化物、氮氧化物和滞尘能力 4 个方面。本研究主要计算亚布力森林公园森林生态系统吸收二氧化硫、氟化物和滞留粉尘价值。

(一)吸收二氧化硫价值计算公式

硫元素是树木体氨基酸的组成成分,也是树木所需要的营养元素之一。所以树木中都含有一定量的硫。正常条件下,树体中的含量为干重的 0.1%~0.3%。当空气中被二氧化硫污染时,树体中硫的含量是正常含量的 5~10 倍。

二氧化硫是有害气体中数量多、分布广、危害大的气体之一,目前对森林吸收二氧化硫效益的计量方法主要有:①面积—吸收能力法:根据单位面积森林吸收二氧化硫的平均值乘以森林面积计算出吸收二氧化硫的量;②阈值法:以二氧化硫在林木体内达到 0 值时的吸收量来计算;③叶干重法:树木吸收二氧化硫量等于叶片积累+代谢转移+表面吸附,通过实验测定某树种叶片在一定期间含硫量变化作为吸收量,再根据叶干重占植物的比例计算转移的流量和叶面表面的蒙尘量。

进行大面积森林吸收二氧化硫功能效益的计量中,采用面积—吸收能力法,其公式确定如下:

$$W_{SO_2} \text{ 或 } HF = \sum_{i=1}^{n} f_i S_i J \qquad (5\text{-}14)$$

该公式中,W_{SO_2} 或 HF 为森林每年吸收二氧化硫、HF 的价值量(元/年),f_i 为不同类型森林单位面积吸收的二氧化硫的量(吨/公顷·年),S_i 为不同类型森林面积(公顷),J 为消减单位二氧化硫或 HF 的工程费用(元/吨)。i=1,2,3……n,表示各种森林类型。

(二)滞尘价值的计算公式

$$W = \sum_{i=1}^{n} f_i S_i J \qquad (5\text{-}15)$$

该公式中,W 为各森林类型滞尘价值(元/年),f_i 为不同类型森林对应的滞尘能力(吨/公顷·年),S_i 为不同类型森林面积(公顷),J 为消减单位粉尘的成本(元/吨)。i=1,2,3……n,表示各种森林类型。

七、保护生物多样性

森林是生物多样性最丰富的区域,在生物多样性保护方面有着不可替代的作用。

森林生态系统的年保护生物多样性价值计算公式为：

$$U_{生物} = S_{生} \times A \qquad\qquad (5\text{-}16)$$

该公式中,$U_{生物}$ 为森林年保护生物多样性价值(元/年),$S_{生}$ 为单位面积森林年保护物种资源价值(元/公顷·年),A 为森林面积(公顷)。

本研究采用《森林生态系统服务功能评估规范》推荐的方法,森林年保护物种资源价值按香农－威纳指数方法计算,将香农－威纳指数(E)划分为 6 级:当 E<1 时,保护生物多样性价值为 3000 元/公顷·年;当 1≤E<2 时,保护生物多样性价值为 5000 元/公顷·年;当 2≤E<3 时,保护生物多样性价值为 10 000 元/公顷·年;当 3≤E<4 时,保护生物多样性价值为 20 000 元/公顷·年;当 4≤E<5 时,保护生物多样性价值为 30 000 元/公顷·年;当 5≤E<6 时,保护生物多样性价值为 40 000 元/公顷·年。

八、森林游憩

森林的游憩价值是指森林生态系统提供休闲和娱乐场所而产生的价值。目前对森林游憩的评价尚未有统一的公式。本研究选用门票价值乘以每年的游客数量计算。

$$U = C \times Q \qquad\qquad (5\text{-}17)$$

该公式中,U 为森林游憩价值(元/年),C 为亚布力森林公园的门票价格(元/人),Q 为每年的游客量(人)。

第二节　研究结果

一、亚布力森林公园森林林木产品价值评价

森林为人类提供的物资产品是明显易见的,它每年为人类提供大量的木材和多种多样的林副产品,为工农业的发展和人们的生活提供了许多不可缺少的原料。亚布力森林公园活立木总蓄积量为 953 895 立方米,出材率 T＝0.55,年平均蓄积生长量为 32 805.04 立方米。按照中国木材网 2014 年 10 月—2015 年 10 月的交易价格,亚布力森林公园活立木总价值为 10.02 亿元,活立木年均增长价值为 1856.3 万元。由于缺少林副产品资料,这部分价值未能估算。具体见表 5-2。

表 5-2　亚布力森林公园不同树种的木材价值

树种类型	面积 （公顷）	单位面积 蓄积增长量 （立方米/公顷·年）	年平均蓄 积生长量 （立方米）	立木单价 （元/立方米）	年平均蓄 积量价值 （10⁴ 元）
落叶松	1238.67	5.41	6697.25	880	324.15
红松	15.41	4.10	63.24	1800	6.26
樟子松	190.45	0.08	14.44	720	0.57
云杉	62.08	0.43	26.45	800	1.16
冷杉	3.31	13.58	44.95	800	1.98
椴树	1839.13	3.40	6252.24	1110	381.7
柞树	233.22	2.64	614.59	1220	41.24
色木	1229.16	3.32	4080.99	1120	251.39
水曲柳	528.68	6.28	3320.73	1100	200.9
白桦	417.82	3.43	1434.75	1200	94.69
枫桦	617.01	3.86	2382.69	1200	157.26
人工杨	91.61	0.62	56.79	500	1.56

树种类型	面积 （公顷）	单位面积 蓄积增长量 （立方米/公顷·年）	年平均蓄 积生长量 （立方米）	立木单价 （元/立方米）	年平均蓄 积量价值 （10^4 元）
山杨	652.42	3.52	2298.23	500	63.2
胡桃楸	87.13	2.84	247.15	1200	16.31
榆树	69.17	4.25	294.04	1000	16.17
阔叶混交林	2592.13	1.75	4525.71	1100	273.81
针阔混交林	593.52	0.72	425.07	1000	23.38
疏林地	121.59	0.21	25.73	400	0.57
合计	10 582.01		32 805.04		1856.3

二、亚布力森林公园森林生物量和平均生产力评价

（一）森林生物量和平均生产力评价

森林生态系统生物量和生产力是生态功能的一个表现，体现了生态系统的生态环境效益。森林直接的或间接的价值和生物量成正比关系，一般来说，生物量越大，其间接价值也越大。根据计算结果（表5-3），亚布力森林公园有林地和疏林地总生物量为 86.69×10^4 吨，平均生物量密度为 81.92 吨/公顷。有林地中林种生物量最大的是椴树林，为 26.29×10^4 吨，占亚布力森林公园森林总生物量的 29.92%，其次是色木林，为 13.05×10^4 吨，占总生物量的 14.85%。其大小顺序为冷杉＞椴树＞色木＞阔叶混交林＞枫桦林＞落叶松＞水曲柳＞山杨＞白桦＞柞树＞针阔混交林＞冷杉＞榆树＞胡桃楸＞人工杨＞云杉＞红松＞樟子松。

表 5-3　不同树种生物量和生物量密度

树种类型	生物量（10^4 吨）	平均生产力（吨/公顷·年）
落叶松	6.76	3.38
红松	0.06	1.7

树种类型	生物量(10^4 吨)	平均生产力(吨/公顷·年)
樟子松	0.06	0.175
云杉	0.31	2.94
冷杉	0.13	5.06
椴树	26.29	3.86
柞树	2.47	3.69
色木	13.05	2.92
水曲柳	6.7	3.17
白桦	2.55	2.12
枫桦	6.9	4.20
人工杨	0.34	2.77
山杨	6.41	3.02
胡桃楸	0.65	2.02
榆树	1.01	4.23
阔叶混交林	10.98	1.25
针阔混交林	1.86	1.52
疏林地	0.16	0.57

平均生产力最大的是冷杉林,为5.06吨/公顷·年,其次是榆树林、椴树林、水曲柳林、枫桦林、色木林和柞树林,分别为4.23吨/公顷·年、3.86吨/公顷·年、3.17吨/公顷·年、4.20吨/公顷·年、2.92吨/公顷·年、3.69吨/公顷·年。一方面说明亚布力森林公园冷杉林生产力最大,单位面积上每年积累营养物质最多,同时也说明冷杉林比较适合亚布力森林公园的立地条件。另一方面主要是冷杉林为成熟林或近熟林,榆树林、椴树林、水曲柳林、枫桦林、色木林和柞树林是亚布力森林公园的先锋树种,对环境的适应能力较强,同时这些林分主要为中龄林或近熟林,单位面积蓄积量大,连年生产力也较高。各景观

树种生物量密度大小顺序为冷杉＞榆树＞椴树＞水曲柳＞枫桦＞色木＞柞树＞山杨＞胡桃楸＞白桦＞落叶松＞云杉＞阔叶混交林＞红松＞人工杨＞针阔混交林＞樟子松。樟子松林的平均生产力最小，仅为 0.175 吨/公顷·年，说明樟子松林不太适合亚布力森林公园的立地条件，樟子松林全部为人工林，因此应该加大对樟子松林的抚育管理或更新改造，以提高亚布力森林公园的单位面积生产力。

(二)不同起源森林生物量和平均生产力评价

亚布力森林公园天然林生物量为 80.03×10^4 吨，人工林生物量为 6.37×10^4 吨(表 5-4)，说明亚布力森林公园森林生物量以天然林为主，天然林生物量支持着亚布力森林公园的生态环境功能。天然林平均生产力为 1.72 吨/公顷·年，人工林平均生产力为 2.61 吨/公顷·年。天然林平均生产力小于人工林单位面积生产力。人工林主要由落叶松林和人工杨林组成，这两种树种在亚布力森林公园生长速度快，单位面积蓄积量高，虽然人工林全部为幼龄林，但是其连年固定营养物质的速度大于天然林。天然林平均生产力低于人工林，但天然林对整个公园的生物量贡献率较大。天然林是亚布力森林公园的先锋树种，适应环境的能力相对较强，因此今后应加大对天然林的封山育林、抚育管理，提高其固定营养物质的能力。

表 5-4 不同起源有林地生物量与平均生产力

景观类型	生物量(10^4 吨)	平均生产力密度(吨/公顷·年)
天然林	80.03	1.72
人工林	6.37	2.61

(三)不同龄组森林生物量和平均生产力评价

在亚布力森林公园有林地中，不同龄组林分生物量大小为幼龄林＞近熟林＞中龄林＞成熟林(图 5-2)。生物量主要集中在幼龄林，为 32.57×10^4 吨，占有林地总生物量的 37.64%，说明幼龄林是亚布力森林公园生物量的主体。其次是近熟林，为 23.49×10^4 吨，占有林地总生物量的 27.15%。中龄林为 21.93×10^4 吨，占有林地总生物量的 25.34%。成熟林生物量最少，为 10.08×10^4

吨,占有林地总生物量的 11.65%。目前亚布力森林公园森林生物量主要集中在幼龄林、近熟林和中龄林,三者占有林地总生物量的 90.13%。总体来说,亚布力森林公园林分生物量结构合理,这对维持亚布力森林公园的生态主体功能具有重要作用。

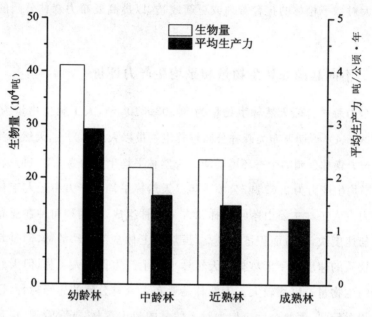

图 5-2　不同林龄组生物量和平均生产力

平均生产力是绿色植物在单位面积和单位时间内固定的总能量,或生产的有机物质,是光合作用固定能量的总结果。在亚布力森林公园有林地中,不同龄组平均生产力大小为幼龄林>中龄林>近熟林>成熟林>(图 5-2)。平均生产力幼龄林最大,为 2.73 吨/公顷·年;成熟林最小,为 1.23 吨/公顷·年。这说明幼龄林平均单位面积积累营养物质较多,随着林龄增长,积累营养物质的能力逐年下降。中龄林和幼龄林枝叶茂盛,根系发达,有利于积累营养物质,也是维持林分高生产力的重要因素。随着林龄增加,林分生产力下降,为了提高亚布力森林公园的林分生产力,成熟林需要更新改造。

三、亚布力森林公园森林碳储量和碳密度评价

森林是陆地生物圈的主体,它不仅在维护区域生态平衡方面具有重要作用,而且在调节全球碳平衡方面也发挥着巨大贡献。森林生态系统每年固定的

碳约占整个陆地生态系统的三分之二,在调节全球碳平衡、减缓大气中二氧化碳等温室气体浓度上升以及维护全球气候等方面具有不可替代的作用。森林碳库包括林产品碳库、森林生物量碳库和森林土壤碳库。森林生物量碳库指活的动物、植物和微生物体内所固定的碳。森林土壤碳库指死地被物及土壤中的腐屑和有机质中所含的碳。森林植物碳贮量与其他营养元素含量一样受地理区域、森林类型、树种组成和面积大小等多因素影响。

(一)森林碳储量和碳密度评价

表 5-5　不同树种碳储量和碳密度

树种类型	碳储量(10^4 吨)	碳密度(吨/公顷)
落叶松	3.07	24.78
红松	0.03	19.47
樟子松	0.02	1.05
云杉	0.14	22.55
冷杉	0.58	178.25
椴树	11.27	61.28
柞树	1.1	47.17
色木	5.48	44.58
水曲柳	2.91	55.04
白桦	1.15	27.52
枫桦	3.12	50.56
人工杨	0.15	16.37
山杨	2.78	42.61
胡桃楸	0.28	32.14
榆树	0.42	60.72
阔叶混交林	4.69	18.09
针阔混交林	0.82	13.82
疏林地	0.07	

根据计算结果(表 5-5),亚布力森林公园内有林地和疏林地总碳储量为 $38.08×10^4$ 吨,有林地平均碳密度为 35.98 吨/公顷。有林地碳储量为 $38.01×10^4$ 吨,占总碳储量的 99.82%;疏林地碳储量为 $0.07×10^4$ 吨,占总碳储量的 0.18%。有林地中各林分碳储量差异较大,在有林地中碳储量最大的是椴树林,为 $11.27×10^4$ 吨,占有林地总碳储量的 29.6%,说明椴树林是亚布力森林公园内碳储量的主体。碳储量最小的为樟子松林,为 $0.02×10^4$ 吨,仅占有林地碳储量的 0.05%。亚布力森林公园碳储量的大小顺序为椴树林>色木林>阔叶混交林>枫桦林>落叶松林>水曲柳>山杨林>白桦林>柞树>针叶混交林>冷杉>榆树>胡桃楸>人工杨>云杉>红松>樟子松。从碳储量的大小排序看,在亚布力森林公园内,落叶阔叶林的碳储量相对较大,因为落叶阔叶林是亚布力森林公园的先锋树种,分布广,面积大,相对碳储量也大。林分碳储量的大小与林分的面积大小有关。评价碳汇功能的大小,不能只看林分碳储量的大小,还要结合林分碳密度。

在有林地中,碳密度分布极不均匀,不同林分之间碳密度差异显著。冷杉林分碳密度最大,为 178.25 吨/公顷;最小的为樟子松林,为 1.05 吨/公顷;林分的平均碳密度为 35.98 吨/公顷。林分碳密度大小顺序为冷杉林>椴树林>榆树林>水曲柳林>枫桦林>柞树林>色木林>山杨林>胡桃楸>>白桦林>落叶松林>云杉>红松>阔叶混交林>人工杨>针叶混交林>樟子松林。面积最大的阔叶混交林碳密度仅为 18.09 吨/公顷,小于林分的平均碳密度,这是造成亚布力森林公园碳储量较低的主要原因。由于阔叶混交林主要以幼龄林为主,所以今后应加大对阔叶混交林的抚育力度,增强阔叶混交林的碳汇功能。落叶松林占林分总面积的 11.70%,其碳密度小于林分平均碳密度。落叶松林全部为人工幼龄林,蓄积量小,这也是造成亚布力森林公园内林分碳储量偏低的主要原因之一,因此今后应加大对落叶松林的抚育力度,增强其碳汇功能。

(二)不同起源森林碳储量和碳密度评价

亚布力森林公园天然林分碳储量为 $35.27×10^4$ 吨(见表 5-6),占林分总碳储量的 92.62%,天然林分碳密度为 39.54 吨/公顷,高于林分平均碳密度 35.98 吨/公顷。人工林碳储量为 $2.81×10^4$ 吨,碳密度为 18.16 吨/公顷。天然林分中碳储量最大的是椴树,为 $1.35×10^4$ 吨,碳密度为 83.47 吨/公顷;其次是枫桦，为 $1.07×10^4$ 吨；其他碳密度为 45.74 吨/公顷。人工林中碳储量最大的林分是落叶松林，为 $2.63×10^4$ 吨，碳密度为 22.22 吨/公顷。通过比较可知，天然林是亚布力森林公园碳储量的主体，在区域碳氧平衡中具有重要作用。

表 5-6　不同起源有林地碳储量与碳密度

景观类型	碳储量(10^4 吨)	碳密度(吨/公顷)
天然林	35.27	39.54
人工林	2.81	18.16

(三)不同龄组森林碳储量和碳密度评价

亚布力森林公园不同龄组碳储量的大小为幼龄林＞近熟林＞中龄林＞成熟林(图 5-3)。幼龄林碳储量最大，为 $14.26×10^4$ 吨，占有林地总碳储量的 37.45％。其次是近熟林，为 $10.12×10^4$ 吨，占有林地碳储量的 26.58％。中龄林为 $9.33×10^4$ 吨，占有林地碳储量的 24.50％。成熟林碳储量最小，为 $4.37×10^4$ 吨，占有林地碳储量的 11.48％。幼龄林碳储量占较大比例，说明亚布力森林公园有较强的碳汇空间。

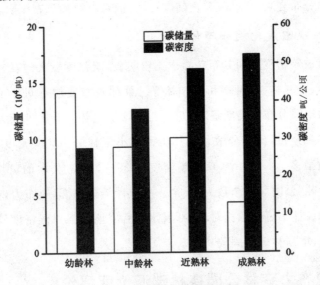

图 5-3　不同林龄组碳储量和碳密度

不同龄组林分的碳密度是成熟林＞近熟林＞中龄林＞幼龄林，全市林分碳密度以成熟林最高为 52.39 吨/公顷，幼龄林最低为 27.97 吨/公顷。林分碳密度与林龄成正比，随着林龄增大，生物量密度也随之增大，这一研究结果与前人研究结果相一致,因此有些研究者认为森林生物量密度与林龄结构成正比,随林龄增加,林分生物量密度也随之增长,到成熟林达到最大。

(四)亚布力森林公园森林碳储量和碳密度空间分布

1.森林碳储量空间分布评价

在 ArcGIS 中,只保留有林地景观,剔除其他景观,得到亚布力森林公园有林地各小班碳储量分布。亚布力森林公园碳储量具有明显的空间异质性,总的来说,碳储量从东向西有增加的趋势。碳储量值较高的地区主要位于亚布力森林公园的西南部和中间海拔较高地段。这说明亚布力森林公园森林碳汇西部大于东部,西部是森林公园的碳汇中心。这种空间分布格局主要是由亚布力森林公园内的地形地貌、气候、立地条件等差异形成的。亚布力森林公园内森林植被主要分布在 200~1000 米之间,在海拔较高地段,人为干扰少,有利于森林植被生长,更有利于碳积累。根据统计,碳储量较高的森林小班为阔叶混交林。在海拔 400~600 米高度,47.67%的森林植被碳分布于该海拔高程,60.1%的森林植被碳分布在坡度 5°~25°之间,66.5%的森林植被分布于阴坡和半阴坡。

2.森林碳密度空间分布评价

森林植被碳密度空间分布差异也比较明显,碳密度较大的森林小班主要分布在冷杉林、椴树林、榆树林和白桦林等。森林碳密度的空间分布格局不像森林碳储量的空间分布格局明显,从东向西呈增加趋势。碳密度较大的森林小班整个空间都有分布,比较分散。森林碳密度小于林分平均碳密度 35.98 吨/公顷的斑块数最多,为 335 个,森林碳密度在 35~50 吨/公顷的斑块个数为 131个,大于 50 吨/公顷斑块个数为 84 个。从统计结果来看,亚布力森林公园内生产力较高的森林小班个数相对较少,因此今后应该加强对碳密度较小的林班进行抚育管理,增强林班的固碳功能。

四、亚布力森林公园森林碳汇价值评价

碳固定与碳蓄积是生态系统提供的重要服务功能,也是生态系统服务付费研究和实践热点。如果任由二氧化碳和其他温室气体的含量持续升高,那么其温室效应势必会进一步引起全球变暖,严重威胁人类社会的生存和发展,甚至

使气候变化的幅度超出生物圈的自动调节范围,最终引起生物圈的崩溃。生态系统通过植物光合作用和呼吸作用与大气进行二氧化碳和氧气交换,固定大气中的二氧化碳,同时释放氧气,对维持地球大气中的二氧化碳和氧气的动态平衡,减缓温室效应,以及提供人类生存的基本条件有着不可替代的作用。

表 5-7　亚布力森林公园不同树种的碳汇价值

树种类型	碳储量 (10^4 吨)	年净增碳储量(吨)	碳汇价值 (10^4 元)	年碳汇价值 (10^4 元/年)
落叶松	3.07	2202.55	800.96	57.46
红松	0.03	21.59	7.83	0.56
樟子松	0.02	25.87	5.22	0.67
云杉	0.14	26.72	36.53	0.70
冷杉	0.58	30.56	151.32	0.80
椴树	11.27	3234.56	2940.34	84.39
柞树	1.1	316.80	286.99	8.27
色木	5.48	1305.36	1429.73	34.06
水曲柳	2.91	1149.22	759.22	29.98
白桦	1.15	483.70	300.04	12.62
枫桦	3.12	802.10	814.01	20.93
人工杨	0.15	24.54	39.14	0.64
山杨	2.78	641.22	725.30	16.73
胡桃楸	0.28	85.70	73.05	2.24
榆树	0.42	97.29	109.58	2.54
阔叶混交林	4.69	1553.04	1223.62	40.52
针阔混交林	0.82	144.34	213.94	3.77
疏林地	0.07	12.5	18.26	0.33
合计	38.08	12157.66	9935.07	317.19

根据碳储量计算结果(表 5-7),亚布力森林公园内有林地和疏林地总碳储量为 38.08×10^4 吨,这些碳折合固定 139.63×10^4 吨二氧化碳。按照中国固碳生态效益采用的造林成本 260.9 元/吨碳进行经济价值评价,亚布力森林公园内林分碳汇价值估算结果为 9935.07×10^4 元,年碳汇价值约为 318.7×10^4 元/年。

五、亚布力森林公园森林释放氧气价值评价

植物通过光合作用吸收空气中的二氧化碳,利用太阳能生产碳水化合物,同时释放出氧气。植物的这一功能对于整个生物界及全球大气平衡具有重要意义。

根据光合作用公式:

$$6CO_2 + 6H_2O \xrightarrow{\text{光合作用}} C_6H_{12}O_6 + 6O_2$$

由公式可知,得到 1 吨植物干物质可以吸收 1.62 吨二氧化碳,释放 1.2 吨氧气。亚布力森林公园森林生态系统年净固定 12157.66 吨碳,折算成 CO_2 为 44578.08 吨。所以亚布力森林公园年释放氧气量为 32420.43 吨,工业制氧价格为 369.7 元/吨,则亚布力森林公园释放氧的价值为 11198.58 万元。

六、亚布力森林公园森林涵养水源评价

森林是天然的绿色水库。森林通过林冠截留、枯落物持水和土壤蓄水 3 个过程对降雨量进行重新分配,把雨水转变成地下水或河流,达到涵养水源的目的。森林对降水的截留、吸收和贮存,将地表水转为地表径流或地下水的作用。涵养水源主要功能表现在净化水质和调节径流 2 个方面。根据近年有关学者对邻近山区森林水分循环与水量平衡的相关研究,本研究采用韩春华对《阿什河上游小流域森林生态系统水文功能研究》的相关数据,来评价亚布力森林公园森林涵养水源的价值。对于韩春华没有推算截流率的树种,采用同一地区相似树种的截流率。亚布力森林公园平均多年降水量为 666 毫米/年,参照 2008 年国家林业局发布的森林生态系统服务功能评估规范(LY/T 1721—2008)社会公共数据,单位库容造价为 6.11 元/立方米,单位体积水的净化费用可取 2.09 元。

(一)林冠层持水量及价值计算

林冠截留对森林生态系统的水量平衡有着极其重要的作用,它对削减洪峰流量和延缓洪峰时间有重要意义,所以林冠截留量是森林涵养水源的一个重要组成部分。林冠层截留降水的能力同树种、林冠层枝叶生物量及枝叶的不同持水特性有关。

表 5-8　亚布力森林公园林冠层涵养水源价值量计算

树种类型	面积（公顷）	林冠截留率（%）	林冠截流持水量（吨/公顷）	林冠截流降水总量（10⁴ 吨）	林冠层持水价值量（10⁴）
落叶松	1238.67	32.22	1933.2	239.5	1463.1
红松	15.41	29.76	1785.6	2.8	16.8
樟子松	190.45	21.82	1309.2	24.9	152.3
云杉	62.08	32.22	1933.2	12	73.3
冷杉	3.31	32.22	1933.2	0.6	3.9
椴树	1839.13	16.1	966	177.7	1085.5
柞树	233.22	16.1	966	22.5	137.7
色木	1229.16	16.1	966	118.7	725.5
水曲柳	528.68	16.77	1006.2	53.2	325
白桦	417.82	16.77	1006.2	42	256.9
枫桦	617.01	16.77	1006.2	62.1	379.3
人工杨	91.61	16.77	1006.2	9.2	56.3
山杨	652.42	16.77	1006.2	65.6	401.1
胡桃楸	87.13	16.77	1006.2	8.8	53.6
榆树	69.17	16.77	1006.2	6.9	42.5
阔叶混交林	2592.13	16.44	986.4	255.7	1562.3
针阔混交林	7.03	23.66	1419.6	0.9	6.1
针叶混交林	593.52	27.93	1675.8	99.46	607.7
疏林地	121.59	8	532.8	9.03	39.6
合计				1209.3	7388.5

根据计算结果（表 5-8），亚布力森林公园林冠层截流降水总量为 1209.3×10^4 吨，然后采用影子工程法，根据水库工程的蓄水成本来确定亚布力森林公园各森林类型林冠层涵养水源价值量为 7388.5×10^4 元。林冠层截流降水总量最大的是阔叶混交林，为 255.7×10^4 吨；其次是落叶松林，为 239.5×10^4 吨。

（二）枯枝落叶层持水量及价值计算

枯枝落叶层不仅能够有效地防止雨滴击溅、维持土壤结构、栏蓄降水、减少地表径流并参与土壤团粒结构的形成,而且能够有效地增加土壤孔隙度,减缓地表径流速度,为林地土壤层蓄水、滞洪提供了物质基础。枯枝落叶层在森林涵养水源功能上有重要意义,成为森林生态系统调节水分分配的第二作用层。

表 5-9 亚布力森林公园枯枝落叶层涵养水源价值量计算

树种类型	面积 (公顷)	枯枝落叶有效 持水量(吨/公顷)	枯枝落叶层 总持水量(10^4吨)	枯枝落叶层 持水价值量(10^4元)
落叶松	1238.67	67	8.3	50.7
红松	15.41	30.14	0.05	0.3
樟子松	190.45	19.76	0.4	2.3
云杉	62.08	67	0.4	2.5
冷杉	3.31	67	0.02	0.1
椴树	1839.13	21.87	4	24.6
柞树	233.22	21.87	0.5	3.1
色木	1229.16	21.87	2.7	16.4
水曲柳	528.68	17.17	0.9	5.5
白桦	417.82	17.17	0.7	4.4
枫桦	617.01	17.17	1.1	6.5
人工杨	91.61	17.17	0.2	0.9
山杨	652.42	17.17	1.1	6.8
胡桃楸	87.13	17.17	0.1	0.9
榆树	69.17	17.17	0.1	0.7
阔叶混交林	2592.13	19.52	5.1	30.9
针阔混交林	7.03	48.69	0.03	0.2
针叶混交林	593.52	38.9	2.3	14.1
疏林地	121.59	10	0.1	0.6
合计			28.1	171.8

根据表 5-9 计算结果,亚布力森林公园内各森林类型枯枝落叶层持水量总量为 28.1×10^4 吨,同样采用影子工程法计算枯枝落叶层涵养水源量,价值为

171.8×10⁴ 元。枯枝落叶层持水量中,落叶松林最大,为 8.3×10⁴ 吨;其次是阔叶混交林,为 5.1×10⁴ 吨。

(三)森林土壤层持水量及价值计算

森林土壤层的水文效应是森林发挥水文调节作用、水源涵养功能的重要环节之一。森林土壤层的水文效应通过自身蓄水能力和入渗特性发挥出来,对降水分配过程、水分循环和土壤流失等过程具有十分明显的作用。森林土壤是降雨通过枯枝落叶层截留后的第三个主要作用层。森林土壤能够存水的总量取决于它的非毛管孔隙度和土层厚度,土壤非毛管孔隙度大,其涵养的水量就多。渗透到土壤中的水分绝大部分因重力作用经过非毛管孔隙下渗到土壤下层,形成地下水,土壤的非毛管孔隙度越大,越有利于水分下渗、减少洪峰期流量、增加枯水期流量、增大涵养水源量和提高水分利用率。

表 5-10　亚布力森林公园土壤层 0~40 厘米涵养水源价值量计算

树种类型	面积 (公顷)	土壤层有效 持水量(吨/公顷)	枯枝落叶层 总持水量(10⁴ 吨)	枯枝落叶层 持水价值量(10⁴ 元)
落叶松	1238.67	362.38	44.9	274.3
红松	15.41	234.66	0.4	2.2
樟子松	190.45	302.86	5.8	35.2
云杉	62.08	362.38	2.2	13.7
冷杉	3.31	362.38	0.1	0.7
椴树	1839.13	323.98	59.6	364.1
柞树	233.22	362.38	8.5	51.6
色木	1229.16	362.38	44.5	272.2
水曲柳	528.68	438.56	23.2	141.7
白桦	417.82	438.56	18.3	112
枫桦	617.01	438.56	27.1	165.3
人工杨	91.61	438.56	4	24.5
山杨	652.42	438.56	28.6	174.8
胡桃楸	87.13	438.56	3.8	23.3
榆树	69.17	438.56	3	18.5

树种类型	面积 (公顷)	土壤层有效 持水量(吨/公顷)	枯枝落叶层 总持水量(10^4吨)	枯枝落叶层 持水价值量(10^4元)
阔叶混交林	2592.13	400.7	103.9	634.6
针阔混交林	7.03	392.8	0.3	1.7
针叶混交林	593.52	299.96	17.8	108.8
疏林地	121.59	200	2.4	14.8
合计			398.4	2434

根据表 5-10 计算结果,亚布力森林公园土壤层 0～40 厘米深度蓄水总量为 $398.4×10^4$ 吨,同样采用影子工程法计算土壤层涵养水源量价值为 $2434×10^4$ 元。在土壤层中,持水量最大的是阔叶混交林,为 $103.9×10^4$ 吨;其次是椴树林,为 $59.6×10^4$ 吨。

(四)亚布力森林公园森林生态系统涵养水源量与价值量

亚布力森林公园森林生态系统涵养水源量与价值量见表 5-11,亚布力森林公园森林生态系统每年涵养水源总量为 $1636.2×10^4$ 吨,涵养水源价值量为 $9996.2×10^4$ 元,净化水质价值量为 $3419.3×10^4$ 元。

表 5-11 亚布力森林公园森林生态系统涵养水源量与价值量

树种 类型	面积 (公顷)	单位面积 涵养水源 量(吨/公顷)	涵养水源 总量(10^4吨/年)	涵养水源 价值量 (10^4元/年)	净化水质 价值量 (10^4元/年)
落叶松	1238.67	2362.6	292.6	1788.1	611.6
红松	15.41	2050.4	3.2	19.3	6.6
樟子松	190.45	1631.8	31.1	189.9	65
云杉	62.08	2362.6	14.7	89.6	30.7
冷杉	3.31	2362.6	0.8	4.8	1.6
椴树	1839.13	1311.9	241.3	1474.1	504.2
柞树	233.22	1350.3	31.5	192.4	65.8

树种类型	面积（公顷）	单位面积涵养水源量（吨/公顷）	涵养水源总量（10⁴ 吨/年）	涵养水源价值量（10⁴ 元/年）	净化水质价值量（10⁴ 元/年）
色木	1229.16	1350.3	166	1014.1	346.9
水曲柳	528.68	1461.9	77.3	472.2	161.5
白桦	417.82	1461.9	61.1	373.2	127.7
枫桦	617.01	1461.9	90.2	551.1	188.5
人工杨	91.61	1461.9	13.4	81.8	28
山杨	652.42	1461.9	95.4	582.8	199.3
胡桃楸	87.13	1461.9	12.7	77.8	26.6
榆树	69.17	1461.9	10.1	61.8	21.1
阔叶混交林	2592.13	1406.6	364.6	2227.8	762
针阔混交林	7.03	1861.1	1.3	8	2.7
针叶混交林	593.52	2014.7	119.6	730.6	249.9
疏林地	121.59	742.8	9.3	56.8	19.4
合计			1636.2	9996.2	3419.3

七、亚布力森林公园森林保育土壤功能与价值评价

不同土地利用类型对应的土壤侵蚀状况不同,通过各森林类型土壤侵蚀状况与无林地土壤侵蚀基数差异对比分析,计算亚布力森林公园森林生态系统的固土量。由于缺少不同森林类型下土壤侵蚀模数的数据,本研究根据袁建平对不同坡度、不同林草覆盖率土壤侵蚀强度分级研究结果(见表 5-12),计算亚布力森林公园各森林类型减少土壤流失量。由于缺少小班的植被盖度数据,本研究采用小班郁闭度代替植被盖度。通过第二章提取的亚布力森林公园坡度数据和森林分布图进行叠加分级统计,得到不同郁闭度和坡度下的土壤侵蚀模数。无林地土壤侵蚀模数中等程度的坡度为 15°～35°立方米/公顷·年。根据本区域土壤地质条件,亚布力森林公园的土壤平均容重为 1.05 吨/立方米,取

无林地土壤侵蚀的下限值,亚布力森林公园无林地土壤侵蚀模数为157.5吨/公顷·年。

表 5-12　不同坡度、不同林草覆盖率土壤侵蚀强度分级标准

植被覆盖率(%)	5°	8°	15°	25°	35°
68	500	500	500	2500	2500
53	500	500	500	2500	2500
38	500	2500	2500	5000	8000
23	2500	2500	5000	8000	15 000
坡耕地	2500	2500	5000	8000	15 000

　　根据统计结果,亚布力森林公园每年可减少土壤流失量为161.9万吨。以目前建造类似工程的最低费用计算,黑龙江省2014年建设工程预算定额挖取和运输单位体积土壤所需费用为1.3元/吨,森林减少土壤流失维护的价值为210.4万元。亚布力森林公园森林每年减少土地损失面积根据土壤侵蚀量和土壤耕作层的平均厚度来推算。我国耕作土地的平均厚度为0.5米,作为森林的土层厚度,则亚布力森林公园每年可减少土地损失面积约308.4公顷。

　　保肥价值计算,根据前面计算的土壤养分含量,求其平均值,氮、磷、钾和有机质的含量分别取值为0.396%、0.057%、1.58%和5.65%,氮、磷、钾折算成尿素、磷酸二铵、氯化钾的比例分别为1∶46.3%、1∶23.5%、1∶60.2%。经折算,亚布力森林公园森林生态系统每年减少氮、磷、钾的损失量折算成尿素、磷酸二铵、氯化钾分别为13 845.3吨、393.4吨、42 087.9吨,黑龙江省2014年尿素、磷酸二铵、氯化钾的价格分别为1420元、2950元和2650元,经计算,得出亚布力森林公园每年保氮、磷、钾的价值为14 634.8万元。见表5-13。

表 5-13　亚布力森林公园森林生态系统保土量与价值量

树种类型	面积(公顷)	平均土壤保持量(吨/公顷)	减少土壤侵蚀量(10^4 吨/年)	森林保土价值(10^4 元/年)	森林保肥价值(10^4 元/年)
落叶松	1238.67	152.7	18.9	24.6	1700.9
红松	15.41	152.4	0.2	0.3	21.1

树种类型	面积(公顷)	平均土壤保持量(吨/公顷)	减少土壤侵蚀量(10^4 吨/年)	森林保土价值(10^4 元/年)	森林保肥价值(10^4 元/年)
樟子松	190.45	152	2.9	3.8	260.3
云杉	62.08	152.2	0.9	1.2	85
冷杉	3.31	152.4	0.05	0.1	4.5
椴树	1839.13	154.9	28.5	37	2561.9
柞树	233.22	155.1	3.6	4.7	325.3
色木	1229.16	155	19.1	24.8	1713.3
水曲柳	528.68	155.2	8.2	10.7	737.9
白桦	417.82	155.3	6.5	8.4	583.5
枫桦	617.01	155.2	9.6	12.4	861.2
人工杨	91.61	155.4	1.4	1.9	128
山杨	652.42	155.3	10.1	13.2	911.2
胡桃楸	87.13	155.1	1.4	1.8	121.5
榆树	69.17	155.2	1.1	1.4	96.5
阔叶混交林	2592.13	155.4	40.3	52.4	3622.5
针阔混交林	7.03	154.2	0.1	0.1	9.7
针叶混交林	593.52	152.3	9	11.8	812.9
疏林地	121.59	120	1.5	1.9	77.5
合计			161.9	212.3	14 634.8

亚布力森林公园森林生态系统每年减少土壤有机质的损失量为 9.1 万吨。根据薪材转换成土壤有机质的比例 2:1 和薪材的机会成本价格 51.30 元,亚布力森林公园每年减少土壤有机质损失的经济价值为 933.7 万元,每年减少土壤肥力的损失总价为 15 568.5 万元。

八、亚布力森林公园森林净化大气价值评价

(一)亚布力森林公园森林生态系统对二氧化硫的吸收

由于缺少不同类型树种对吸收二氧化硫方面的数据,本研究采用《中国生物多样性国情研究报告》里面的数据(见表5-14),森林对二氧化硫的吸收能力为:阔叶林对二氧化硫的吸收能力为88.65千克/公顷·年;针叶林(松类、柏类、杉类)平均为215.6千克/公顷·年;针阔混交林的吸收能力,即针叶林和阔叶林二者的平均值为152.13千克/公顷·年。我国消减100吨二氧化硫的投资额为5万元/吨,运行费用为100元/(吨·年),则二氧化硫的投资和处理成本为600元/吨。根据计算结果,亚布力森林公园每年吸收二氧化硫1206.3吨,吸收二氧化硫的价值为72.38万元。

表5-14 亚布力森林公园森林生态系统吸收二氧化硫的量与价值量

林种	面积(公顷)	吸收二氧化硫的能力(千克/公顷·年)	吸收二氧化硫的量(吨)	吸收二氧化硫的价值(元)
阔叶林(椴、色、杨、柞、榆、阔叶混交、桦、水曲柳、核桃楸)	8357.48	88.65	740.9	444 540
针叶林(落叶松、红松、樟子松、红松、冷杉、云杉)	2103.44	215.6	453.5	272 100
针阔混交林	7.03	152.13	1.1	660
疏林地	121.59	88.65	10.8	6480
合计		1206.3	723 780	

(二)亚布力森林公园森林生态系统对氟化物的吸收

氟及其化合物是一种毒性较大的污染物,它比二氧化硫的毒性要大10~100倍。氟在大气中一般以氟化氢的形式存在。森林对大气层氟化氢的净化能力较强,自然界中的绿色植物组织中都含有一定量的氟化物。空气中的氟化物主要被植物叶片吸收,植物对低浓度的氟化氢具有很强的净化作用。

对氟化氢吸收计量同样采用面积—吸收能力法,根据北京市环境科学研究所对树木吸收氟化氢能力的测定结果:阔叶树和针叶树的吸氟能力分别为 4.65 千克/公顷·年和 0.5 千克/公顷·年;针阔混交林的吸收值,即针叶林和阔叶林二者的平均值为 2.58 千克/公顷·年。亚布力森林公园森林生态系统每年吸收氟化氢的量为 14.08 吨。根据燃煤炉窑大气污染物排污收费的筹资性标准的平均值为 160 元/吨,可以计算得到亚布力森林公园森林生态系统吸收氟化氢所产生的价值为 2246 元(表 5-15)。

表 5-15　亚布力森林公园森林生态系统吸收氟化氢的量与价值量

林种	面积 (公顷)	吸收氟化氢的能力 (千克/公顷·年)	吸收氟化氢 的量(吨)	吸收氟化氢的 价值(元)
阔叶林(椴、色、杨、柞、榆、阔叶混交、桦、水曲柳、核桃楸)	8357.48	0.5	4.2	668.6
针叶林(落叶松、红松、樟子松、红松、冷杉、云杉)	2103.44	4.65	9.8	1564.9
针阔混交林	7.03	2.58	0.02	2.9
疏林地	121.59	0.5	0.06	9.6
合计		14.08		2246

(三)亚布力森林公园森林生态系统阻滞降尘的价值核算

由于森林枝叶茂密,可以阻挡气流和降低风速,使尘埃在大气中失去移动的动力而降落。另外,森林具有较强的蒸腾作用,使树冠周围和森林表面保持较大的湿度,使尘埃湿润增加重量,这样尘埃较容易降落吸附。树木的花、叶和枝等能分泌多种黏性汁液,同时表面粗糙多毛,空气中的尘埃经过森林,便附着于叶面及枝干的下凹部分,从而起到粘着、阻滞和过滤作用,所以森林具有阻滞尘埃的功效。

据《中国生物多样性国情研究报告》,针叶林的滞尘能力为 33.2 吨/公顷,阔叶林的滞尘能力为 10.11 吨/公顷,针阔混交林采用二者的平均值,消减粉尘的工程成本为 170 元/吨。根据上面的参数,采用影子工程法,可算出滞尘价值。亚布力森林公园每年可滞尘 155 709.8 吨,滞尘的价值为 2647.1 万元。见表 5-16。

表 5-16 亚布力森林公园森林生态系统阻滞降尘的量与价值量

林种	面积 （公顷）	滞尘能力 （吨/公顷·年）	滞尘量 （吨）	滞尘价值 （10^4 元）
阔叶林（椴、色、杨、柞、榆、阔叶混交、桦、水曲柳、核桃楸）	8357.48	10.11	84 494.1	1436.4
针叶林（落叶松、红松、樟子松、红松、冷杉、云杉）	2103.44	33.2	69 834.2	1187.2
针阔混交林	7.03	21.7	152.2	2.6
疏林地	121.59	10.11	1229.3	20.9
合计			155 709.8	2647.1

综合上面的计算结果,亚布力森林公园每年可以吸收二氧化硫 1206.3 吨,吸收二氧化硫的价值 72.38 万元;每年吸收氟化氢的量为 14.08 吨,氟化氢所产生的价值为 2246 元;每年可滞尘 155 709.8 吨,滞尘的价值为 2647.1 万元。亚布力森林公园每年净化大气的价值为 2698.1 万元。

九、亚布力森林公园生物多样性保护价值评价

亚布力森林公园森林生态系统物种丰富度很高,是典型的温带天然次生林区。亚布力森林公园面积大,植被丰富,是生物多样性的理想保护地。从保育物种的角度,以林分香农－威纳指数为评价的参考指标,分别估算各森林类型生物多样性保护功能的经济价值(见表 5-17)。

表 5-17 亚布力森林生物多样性保护价值

树种类型	面积 （公顷）	香农－威纳指数	生物多样性保护指数（元/年·公顷）	生物多样性保护价值 （10^4 元/年）
落叶松	1238.67	0.87	3000	371.6
红松	15.41	0.84	3000	4.6
樟子松	190.45	0.75	3000	57.1
云杉	62.08	0.86	3000	18.6
冷杉	3.31	0.74	3000	0.9
椴树	1839.13	1.13	5000	919.6

树种类型	面积 （公顷）	香农－威纳指数	生物多样性保护 指数（元/年·公顷）	生物多样性 保护价值 （10^4 元/年）
柞树	233.22	1.04	5000	116.6
色木	1229.16	1.18	5000	614.6
水曲柳	528.68	1.07	5000	264.4
白桦	417.82	0.98	3000	125.3
枫桦	617.01	0.98	3000	185.1
人工杨	91.61	0.96	3000	27.5
山杨	652.42	1.13	5000	326.2
胡桃楸	87.13	1.08	5000	43.6
榆树	69.17	1.12	5000	34.6
阔叶混交林	2592.13	1.24	5000	1296.1
针阔混交林	7.03	0.95	3000	2.1
针叶混交林	593.52	0.84	3000	178.1
疏林地	121.59	1.21	5000	60.8
合计				4647.4

根据样地调查结果，椴树林郁闭度在 0.4～0.7 之间，大多为中、幼龄林，林下植被相对较少，林下主要灌木有绣线菊、卫矛、毛榛子，草本有羊胡子台草等。色木林也为幼、近熟龄林较多，郁闭度在 0.3～0.7 之间，林下主要灌木有榛子、胡枝子，藤本植物主要有五味子等，草本植物主要有小叶芹等。山杨林、核桃楸、水曲柳、柞树林以中、幼龄林为主，郁闭度在 0.2～0.7 之间，林下灌木有草本植物主要有毛榛、榛子、胡枝子、茶条槭、忍冬和卫矛等，藤本植物有山葡萄、枸枣子等，草本植物主要有小叶芹、山尖子、羊胡子台草等。白桦和枫桦郁闭度在 0.3～0.7 之间，林下灌木有卫矛和毛榛子等，草本有四花苔草、小叶草等。

落叶松林、红松和冷杉林郁闭度在 0.4～0.7 之间，林下灌木主要绣线菊、毛榛、悬钩子和忍冬等，草本有苔草等。云杉和樟子松郁闭度在 0.3～0.4 之间，林下灌木主要有毛榛、胡枝子等，草本主要有苔草。

统计样地调查数据，计算各种林分的平均香农－威纳指数见表，参照《森林生态系统服务功能评估规范》分级,计算亚布力森林公园森林生态系统多样性保护价值,亚布力森林公园森林生态系统每年保护生物多样性的价值为 4647.4 万元。

十、亚布力森林公园森林游憩价值评价

亚布力森林公园是我国北方著名的旅游景点之一。亚布力森林公园的滑雪场是我国目前最大的集接待滑雪旅游和滑雪运动训练比赛于一体的综合性滑雪场。滑雪场始建于 1980 年,隶属于黑龙江省体育运动委员会,主要由高山滑雪场、自由式滑雪场、跳台滑雪场、越野滑雪场和冬季两项滑雪场等五个竞技、训练场地和两个旅游滑雪场组成,是国家 AAAA 级景区。目前亚布力滑雪场每年接待游客约 38 万人次。亚布力森林公园每年的森林游憩收入约 7786 万元。

十一、亚布力森林公园森林生态系统服务功能的总价值

综合各项服务功能价值量(表5-18),亚布力森林公园森林生态系统服务功能的总价值为 45 310.1 万元。森林生态系统服务功能价值大小的顺序为保育土壤(32.8%)＞涵养水源(29.6%)＞森林游憩(13.8%)＞生物多样性保护(10.3%)＞净化大气(6%)＞木材价值(4.1%)＞固碳释氧(3.4%)。木材价值仅占4.1%,说明森林生态系统除了木材价值外,还具有巨大的生态服务价值,这种生态服务价值对人类的贡献价值远远大于林木的木材价值。因此,在森林资源开发过程中,不能只重视眼前利益,而忽视森林的生态服务效益,要综合考虑,尽可能发挥其最大价值。

表 5-18　亚布力森林公园森林生态系统生态服务功能的总价值

森林类型	木材价值(万元/年)	固碳释氧(万元/年)	涵养水源(万元/年)	保育土壤(万元/年)	净化大气(万元/年)	生物多样性保护(万元/年)	森林游憩(万元/年)	总价值(万元/年)	单位面积价值(万元/年)
落叶松	324.15	280.2	2399.7	1725.5	318.1	371.6	731.1	6150.4	4.9
红松	6.26	2.9	25.9	21.4	4	4.6	9.1	74.2	4.8
樟子松	0.57	3.3	254.9	264.1	48.9	57.1	112.4	714.3	3.9

森林类型	木材价值（万元/年）	固碳释氧（万元/年）	涵养水源（万元/年）	保育土壤（万元/年）	净化大气（万元/年）	生物多样性保护（万元/年）	森林游憩（万元/年）	总价值（万元/年）	单位面积价值（万元/年）
云杉	1.16	3.4	120.3	86.2	15.9	18.6	36.6	282.2	4.5
冷杉	19.78	14.5	6.4	4.6	0.9	0.9	1.9	48.9	14.8
椴树	381.7	411	1978.3	2598.9	472.3	919.6	1085.5	7847.3	4.3
柞树	41.24	40.3	258.2	330	59.9	116.6	137.6	983.8	4.2
色木	251.39	165.8	1361	1738.1	315.7	614.6	725.5	5172.1	4.2
水曲柳	200.9	146.1	633.7	748.6	135.8	264.4	312	2441.5	4.6
白桦	94.69	61.5	500.9	591.9	107.3	125.3	246.6	1728.2	4.1
枫桦	157.26	102	739.6	873.6	158.5	185.1	364.2	2580.3	4.0
人工杨	1.56	3.1	109.8	129.9	23.5	27.5	54.1	349.5	4.2
山杨	63.2	81.6	782.1	924.4	167.6	326.2	385.1	2730.2	3.8
胡桃楸	16.31	10.9	104.4	123.3	22.4	43.6	51.4	372.3	4.2
榆树	16.17	12.3	82.6	97.9	17.8	34.6	40.8	302.5	4.2
阔叶混交林	273.81	197.6	2989.8	3674.9	665.7	1296.1	1529.8	10 627.7	4.1
针阔混交林	23.38	18.4	10.7	9.8	1.8	2.1	4.1	70.3	9.9
针叶混交林	—	—	980.5	824.7	152.4	178.1	350.3	2486	4.2
疏林地	0.57	1.6	76.2	79.4	31.2	60.8	71.8	321.6	2.6
合计	1874.1	1556.5	13 415.3	14 847.2	2719.7	4647.4	6249.9	45 310.1	4.3

不同林地单位面积上生态服务功能年价值最大的是冷杉林,为14.8万元/年·公顷;其次是针阔混交林,为9.9万元/年·公顷;最小的是疏林地,为2.6万元/年·公顷。不同类型的林地,其生态服务功能价值差异较大。对于单位面积上生态服务功能年价值量较小的林地,应该采取抚育管理等措施,提高其生态服务价值量。

本章小结

本章筛选林木产值、生物量、平均生产力、碳储量、释放氧气、涵养水源、保育土壤、净化大气、生物多样性保护和森林游憩等指标对亚布力森林公园森林生态服务功能进行评价,探讨了亚布力森林公园生物量、平均生产力大小和碳储量的空间分布规律。评价结果如下:2014 年亚布力森林公园森林生态服务功能的总价值为 45 310.1 万元,评价指标所占比重的大小顺序为保育土壤(32.8%)＞涵养水源(29.6%)＞森林游憩(13.8%)＞生物多样性保护(10.3%)＞净化大气(6%)＞木材价值(4.1%)＞固碳释氧(3.4%)。

不同类型的林地,其生态服务功能价值差异较大。单位面积上不同林地年生态服务功能价值最大的是冷杉林,为 14.8 万元/年·公顷;其次是针阔混交林,为 9.9 万元/年·公顷;最小的是疏林地,为 2.6 万元/年·公顷。对单位面积年生态服务功能较小的林地,可以通过抚育管理等措施,提高其生态服务价值量。

第六章

亚布力森林公园森林景观健康评价

森林生态系统可提供众多生态服务功能,这些生态服务功能是维系生命系统存在的支撑条件,也是人类生存和社会经济发展的物质基础及保障条件。可是自从工业革命以来,人类开始大规模、大面积破坏原始森林,导致森林生态系统提供的生态服务功能逐渐弱化,抵御自然灾害的能力逐渐减弱,从而产生了一系列生态环境问题,如洪水、干旱、沙尘等,对区域生态安全产生了严重威胁。基于此,许多国家陆续开展森林健康评价工作。

森林景观健康评价即森林景观生态系统健康评价。森林景观生态系统健康是近年来热门的研究方向之一,是通过一系列手段(实地调查、监测、模型分析和遥感数据等)对森林的健康状况进行评价分析,为进一步采取措施提供依据和指导,在森林管理和保护中发挥着越来越重要的作用。20世纪90年代以来,森林健康作为林业科技的一个新方向,得到了全世界的重视,学者们对森林生态系统健康的定义、监测、评估和管理进行了积极的探讨和实践,并将"森林健康作为森林状况评估和森林资源管理的标准和目标"。一个健康的森林生态系统不仅内部具有良好的自我调节能力,而且对于外界环境的变化可以进行相应的自我调整,以保持一种稳定的、可持续的状态。维持森林生态系统健康是今后森林经营发展的方向,也是森林病虫害、森林火灾治理和控制的根本途径。

第一节 森林健康评价研究方法

一、评价指标体系构建原则

森林景观健康评价指标体系是用来度量和分析森林景观健康状况的重要

依据,有了完整合理的评价指标体系,才能依据森林健康评价指标对森林健康状况做出全面、科学的诊断和评价。只有建立科学、合理的森林景观健康评价指标体系,才能了解森林景观现状与森林景观健康可持续发展目标之间的差距,找出森林景观不健康的原因,调整其向健康方向发展。

为科学、合理地评价亚布力森林公园森林景观健康水平,应当制订一套具有可操作和普遍适用性的森林健康评价指标体系,并遵循以下原则:①客观性原则。选取的所有指标要有科学依据,同时要能正确地反映出森林健康状况;②可操作性原则。每个指标应含义明确,易于获得,简便易算,可操作性强;③全面性原则。所建立的指标体系应全面反映森林健康状况,不能缺少相应指标类别,否则评价结果就不能真实、全面地反映被评价对象;④体现地方特点的原则。亚布力森林公园地处东北黑土地区,土壤的营养物质和酸碱度能反映亚布力森林公园的地方特点。

二、评价方法

对于森林景观健康评估方法,从最初的定性评估法发展到目前利用多种技术方法和手段相结合的森林健康快速评估,常用的有指标体系法、生态指示者法、健康距离法 3 种。

(一)指标体系法

指标体系法以其提供信息的全面性和综合性而被广泛应用于生态系统健康评估中,适合于所有森林生态系统健康的评估。将指标体系与层次分析法、主成分分析法、指数评估法等结合起来,构造一个或几个综合性指标,简化了评估工作的难度。由于研究地点、研究方法、研究目的、研究对象的差异,研究者提出了不同的森林生态系统健康评估的指标体系。

(二)生态指示者法

鉴于生态系统的复杂性,人们经常需要采用一些指示类群来监测生态系统健康,即生物指示物评估法,也称为生态指示者法。该方法依据森林生态系统的指示植物、敏感植物、特有植物、特有动物、森林鸟类、森林昆虫、森林土壤动物和森林土壤微生物等来描述森林生态系统的健康状况。

(三)健康距离法

健康距离法由陈高等学者提出。健康距离表示受干扰生态系统(或群落)的健康程度偏离模式生态系统的健康程度(即所谓的背景值状态)的距离,可以用于解释生态系统(或群落)的健康评估计算。一般来说,干扰越大,压力越大,健康损益值越大,健康距离越大,该生态系统(群落)就偏离模式生态系统越远,越不健康,对人类的服务功能就越弱。健康距离法是一种计算所观测森林生态系统与最接近原始状态森林生态系统之间的距离的方法。

根据目前研究数据的可获得性,本研究采用指标体系法评价亚布力森林公园森林景观的健康状况。

三、评价的基本步骤

第一,选择一系列能够表征森林景观、群落和功能等方面的主要特征生物物理与生态功能指标参数,明确各个指标的生态健康意义。

第二,进行指标分类,确定每个特征因子在生态健康中的权重系数以及每一类特征因子在生态健康中的比重,建立健康评价指数体系。

第三,确立各森林景观生态健康的标准及各指标阈值。

第四,确定森林景观生态健康的评价方法。确立景观生态健康的标准和各指数合适的阈值是研究景观生态健康的关键,需要综合考虑景观生物物理因素和社会经济因素,采用经验值法或运用逻辑学或概率论进行复杂推理。

第五,根据构造的森林景观健康评价方法,运用统计分析软件,计算出森林景观健康分值——健康指数,并与设定的评价等级标准对照。在此基础上,分析森林景观健康存在的主要问题,提出改善景观健康的调控措施。

四、评价指标体系的建立

本研究综合国内外森林景观健康的研究成果,采用指标体系法,建立亚布力森林公园森林景观健康评价指标体系。指标体系法就是选取一些具有代表性的指标来综合评价生态系统健康,是从生态系统的结构、功能演替过程,生态服务和产品服务的角度来度量生态系统健康,强调生态系统与区域环境的演变关系,同时也反映生态系统的健康负荷能力及受胁迫后的健康恢复能力,反映生态系统不同尺度的健康评价转换。本研究指标体系从群落、生态系统功能和景观3个方面来选取评价指标(表6-1)。景观方面的指标为1~9,群落特征方面的指标为10~14,群落抵抗力方面的指标为15~16,群落土壤质量方面指标为17~19,群落生态服务功能方面指标为20~27。

表6-1 亚布力森林公园森林景观健康评价指标体系

一级指标	序号	二级要素指数	指标含义
景观结构	1	景观百分比	反映景观斑块的优势程度
	2	边缘总长度	反映斑块的边缘负责程度
	3	景观边缘密度	景观斑块边界结构复杂程度的一种直观度量
	4	景观斑块密度	单位面积上的斑块数,反映景观破碎程度
	5	形状指数	斑块形状越复杂,其值越大,反映斑块规则程度
	6	分维数	反映各景观组分的边界褶皱程度
	7	最近邻近距离	反映同类景观型斑块间相隔距离远近
	8	散布与并列指数	反映景观分散与相互混杂信息的测度
	9	林分平均高	反映树木生长状态的指标
群落结构	10	林分平均胸径	反映树木生长状态的指标
	11	年生长率	反映树木生长快慢、积累物质和活力指标
	12	郁闭度	反映林分的密度
	13	香农－威纳指数	
	14	游客密度	人为活动干扰是影响森林景观健康的重要因素
抵抗力	15	病虫害危害程度	反映群落受外面的干扰状况
	16	土壤全氮	反映土壤化学性质、土壤肥力的指标
立地条件	17	土壤全磷	反映土壤化学性质、土壤肥力的指标
	18	土壤有效钾	反映土壤化学性质、土壤肥力的指标
	19	土壤有机质	反映土壤化学性质、土壤肥力的指标

续表

一级指标	序号	二级要素指数	指标含义
	20	年生物量	反映林分的生产力
	21	年固碳量	反映林分生态服务功能指标
生态	22	年释放氧气量	反映林分生态服务功能指标
服务	23	年涵养水源量	反映林分生态服务功能指标
功能	24	年保育土壤量	反映林分生态服务功能指标
	25	年净化大气量	反映林分生态服务功能指标
	26	年旅游收入	反映林分社会价值功能指标

五、基于主成分分析的评价计算

(一)主成分分析评价的基本原理

主成分分析是利用降维的思想,将多个变量转化为少数几个综合变量(即主成分),其中每个主成分都是原始变量的线性组合,各主成分之间互不相关,从而这些主成分能够反映始变量的绝大部分信息,且所含信息互不重叠。而且伴随主成分分析的过程,将会自动生成各主成分的权重,这就在很大程度上抵制了在评价过程中人为因素的干扰,因此,以主成分为基础的综合评价理论能够较好地保证评价结果的客观性,如实地反映实际问题。

主成分分析的基本思想是设法将原来众多的具有一定相关性的指标 X_1,X_2,$\cdots$,X_P(比如 P 个指标),重新组合成一组较少个数的互不相关的综合指标 F_m 来代替原来的指标。F_m 指标既能最大限度地反映原变量 X_p 所代表的信息,又能保证新指标之间保持相互无关(信息不重叠)。

设 F_1 表示原变量的第一个线性组合所形成的主成分指标,即 $F_1 = a_{11}X_1 + a_{21}X_2 + \cdots\cdots + a_{p1}X_p$,由数学知识可知,每一个主成分所提取的信息量可用其方差来度量,其方差值 $Var(F_1)$ 越大,表示 F_1 包含的信息越多。常常希望第一主成分 F_1 所含的信息量最大,因此,在所有的线性组合中选取的 F_1 应该是 X_1,X_2,$\cdots\cdots$,X_P 的所有线性组合中方差最大的,故称 F_1 为第一主成分。如果第一主成分不足以代表原来 P 个指标的信息,再考虑选取第二个主成分指标 F_2,为有效地反映原信息,F_1 已有的信息就不需要再出现在 F_2 中,即 F_2 与 F_1

要保持独立、不相关,用数学语言表达就是其协方差 $Cov(F_1,F_2)=0$,所以 F_2 是与 F_1 不相关的 $X_1,X_2,\cdots,X_P$ 的所有线性组合中方差最大的,故称 F_2 为第二主成分,以此类推构造出的 F_1、F_2、$\cdots\cdots$、F_m 为原变量指标 $X_1,X_2\cdots\cdots X_P$ 第1、第2、$\cdots\cdots$第 m 个主成分。

$$\left.\begin{array}{l} F_1 = a_{11}X_1 + a_{21}X_2 + \cdots\cdots a_{1p}X_p \\ F_2 = a_{21}X_1 + a_{22}X_2 + \cdots\cdots a_{2p}X_p \\ \cdots\cdots\cdots\cdots\cdots \\ F_m = a_{m1}X_1 + a_{m2}X_2 + \cdots\cdots a_{mp}X_p \end{array}\right\} \tag{6-1}$$

F_i 与 F_j 互不相关,即 $Cov(F_i,F_j)=0,i\neq j,i,j=1,2,\cdots\cdots p$。

F_1 是 $X_1,X_2,\cdots,X_p$ 的所有线性组合(系数满足上述要求)中方差最大的,$\cdots\cdots$,即 F_m 是与 $F_1,F_2,\cdots\cdots,F_{m-1}$ 都不相关的 $X_1,X_2,\cdots,X_P$ 的所有线性组合中方差最大的。

$F_1,F_2,\cdots,F_m(m\leqslant p)$ 为构造的新变量指标,即原变量指标的第1、第2、$\cdots\cdots$第 m 个主成分。

(二)主成分分析评价的步骤

主成分分析法可以把影响森林景观健康的多个因子用少数几个相互独立的主成分的线性组合来反映原有多个因子的绝大部分信息,表达森林景观健康的状况。其步骤为:

1. 对数据进行标准化处理

采用 Z—Score 法对观察值进行标准化处理,将各指标数据转化成无量纲的标准化数据,计算标准化观察矩阵 X。

$$X = \begin{bmatrix} x_{11} & x_{12} & \cdots & x_{1p} \\ x_{21} & x_{22} & \cdots & x_{2p} \\ \vdots & \vdots & \vdots & \vdots \\ x_{n1} & x_{n2} & \cdots & x_{np} \end{bmatrix} \tag{6-2}$$

x_{ij} 的计算方法为:

$$x_{ij} = \frac{x_{ij} - \overline{x}_j}{\sqrt{\text{var}(x_j)}} \quad (i=1,2,\cdots,n; j=1,2,\cdots,p)$$

其中 $\overline{x}_j = \dfrac{1}{n}\sum_{i=1}^{n}x_{ij}$

$$\mathrm{var}(x_j) = \frac{1}{n-1}\sum_{i=1}^{n}(x_{ij} - \overline{x}_j)^2 \quad (j=1,2,\cdots,p)$$

2. 求出样本的相关系数矩阵

$$R = \begin{bmatrix} r_{11} & r_{12} & \cdots & r_{1p} \\ r_{21} & r_{22} & \cdots & r_{2p} \\ \vdots & \vdots & \cdots & \vdots \\ r_{p1} & r_{p2} & \cdots & r_{pp} \end{bmatrix} \tag{6-3}$$

为方便,假定原始数据标准化后仍用 X 表示,则经标准化处理后的数据的相关系数为:

$$r_{ij} = \frac{1}{n-1}\sum_{t=1}^{n}x_{ti}x_{tj} \quad (i,j=1,2,\cdots,p)$$

$r_{ij}(i,j=1,2,\cdots,p)$ 为原变量 x_i 与 x_j 的相关系数。$r_{ij}=r_{ji}$,其计算公式为:

$$r_{ij} = \frac{\sum_{k=1}^{n}(x_{ki} - \overline{x}_i)(x_{kj} - \overline{x}_j)}{\sqrt{\sum_{k=1}^{n}(x_{ki} - \overline{x}_i)^2(x_{kj} - \overline{x}_j)^2}}$$

3. 计算其特征值、主成分的贡献率及累积贡献率

根据特征方程 $|\lambda I - R| = 0$ 求出特征值 $\lambda_i(i=1,2,\cdots,p)$,并使其按大小顺序排列,即 $\lambda_1 \geqslant \lambda_2 \geqslant \cdots, \geqslant \lambda_p \geqslant 0$;然后分别求出对应于特征值 λ_i 的特征向量 e_i $(i=1,2,\cdots,p)$。

主成分 Fi 的贡献率:$\lambda_i \left(\sum_{k=1}^{p}\lambda_k \right)^{-1}$($i=1,2\cdots\cdots p$),累计贡献率:

$\sum_{j=1}^{k}\lambda_i \left(\sum_{k=1}^{p}\lambda_k \right)^{-1}$

一般取累计贡献率达 $85\% \sim 95\%$ 的特征值 $\lambda_1, \lambda_2, \cdots \lambda_k$,所对应的第1,第2,……,第 k(k≤p)个主成分。

4. 求出主成分荷载,确定主成分个数

其具体操作可借助统计产品与服务解决方案软件进行统计计算,选出能反映绝大部分信息(通常大于85%)的前 k 个主成分。

主成分载荷是反映主成分 F_i 与原变量 X_j 之间的相互关联程度,原来变量 $X_j(j=1,2,\cdots,p)$ 在主成分 $F_i(i=1,2,\cdots,k)$ 上的荷载 $l_{ij}(i=1,2,\cdots,k;j=1,2,\cdots,p)$:

$$l(Z_i,X_j)=\sqrt{\lambda_i}a_{ij}(i=1,2,\cdots,m;j=1,2,\cdots,p)$$

在统计产品与服务解决方案软件中主成分分析后的分析结果中,"成分矩阵"反应的就是主成分载荷矩阵。

5.计算主成分得分

根据标准化的原始数据,分别代入主成分表达式,就可以得到各主成分下各个评价指标的新数据,即为主成分得分。具体形式如下:

$$\begin{bmatrix} F_{11} & F_{12} & \cdots & F_{1k} \\ F_{21} & F_{22} & \cdots & F_{2k} \\ \vdots & \vdots & \vdots & \vdots \\ F_{m1} & F_{m2} & \cdots & F_{mk} \end{bmatrix} \tag{6-4}$$

6.主成分指标权重确定

以第 i 个主成分所对应的特征值 λ_i 占所提取主成分特征值和的比例,W_i 为第 i 主成分的权重。

$$W_i=\lambda_i\left(\sum_{i=1}^{m}\lambda_k\right)^{-1} \tag{6-5}$$

7.指标权重值确定

确定 m 个主成分之后,得到前 m 个主成分对总体方差的贡献矩阵 $A=(\lambda_1,\lambda_2,\ldots,\lambda_m)$,同时得到各原始指标在前 m 个主成分上的贡献矩阵,也称载荷矩阵 $L=(l_1,l_2,\cdots,l_m)$,则各指标对总体方差的贡献率矩阵 F 可由下式求出:

$$F=A\cdot L=(f_1,f_2,\cdots,f_m) \tag{6-6}$$

则 F 中各元素的值即为相应指标的权重。

(三)综合评价模型的构建

在评价森林景观健康的过程中,通过森林景观健康指数大小来反映森林景

观健康状况,其评价模型为:

$$LHI = \sum_{i=1}^{m} \sum_{j=1}^{p} (W_j I_j) W_i \qquad (6-7)$$

该公式中,$\sum_{i}^{m} W_i = 1$,$\sum_{j=1}^{p} W_j = 1$,W_i 为第 i 个指标的权重;W_j 为第 j 个综合指标内,第 i 个指标的权重;I_j 为第 j 个指标现状水平值。

(四)评价等级标准的确定

亚布力森林公园森林景观结构健康状况的综合指标值(景观健康指数)在 0~1 之间(表 6-2)。该评价等级标准是基于国内外相关研究成果,以及咨询国内著名森林生态系统结构与功能研究专家确定的,将各指标进行加权求和即可得到综合评价值,以该等级标准确定亚布力森林公园森林景观的健康状况。

表 6-2 亚布力森林公园森林景观健康综合评价标准

健康等级	综合得分	森林景观健康状况
1	0.75~1.00	健康
2	0.50~0.75	亚健康
3	0.25~0.50	中健康
4	0.00~0.25	不健康

第二节 森林健康评价研究结果

按照建立的评价指标体系(表 6-1)和基于主成分分析的评价方法,在统计产品与服务解决方案 19.0 统计分析软件中对各指标值进行一系列数学计算处理,而后分别计算森林景观格局特征评价指标权重、群落结构特征评价指标权重和森林景观健康综合评价指标权重,最后进行森林景观生态健康综合评价。

一、亚布力森林公园森林景观格局特征评价指标权重计算

根据第三章亚布力森林公园景观格局分析结果,利用统计产品与服务解决方案 13.0 软件对上述指标进行主成分分析,分别计算出主成分和各指标权重。

一般而言,相关矩阵中相关系数高的变量,大多会进入同一个主成分,但不尽然,除了相关系数外,决定变量在主成分中分布地位的因素还有数据的结构,相关系数矩阵对主成分分析具有参考价值。

使用主分量计算方法效果是否显著,可用因素间的共同性结果进行检验。根据变量共同度的统计意义,说明提取的这几个公因子对于原始变量的代表性或者说解释率越高,整体的效果就越好。从提取值一列数据看出,各个变量的共同度达到 0.813~0.997,说明变量空间转换为因子空间时保留了 81.3%~99.7% 的信息。因此,因子分析的效果是显著的。

主成分个数提取原则是主成分对应的特征根大于 1 的前 m 个主成分。在计算主成分的步骤中将出现因子载荷矩阵,可以取得每个主成分的方差,即特征根,它的大小表示对应主成分能够描述原来所有信息的多少(更多情况下是由方差贡献率来反映)。一般来讲,为了达到降维的目的,只提取前几个主成分,由于前 3 个特征值累计贡献率达到 89.333%,根据累计贡献率大于 85% 的原则,故选取前 3 个特征值。

表 6-3　正交旋转后的主成分载荷矩阵

指标序号	第一主成分	第二主成分	第三主成分
1	0.940	−0.192	0.063
2	0.370	−0.417	0.804
3	−0.665	0.477	−0.220
4	0.951	−0.147	0.046
5	−0.753	−0.460	0.680
6	0.046	−0.145	0.952
7	−0.539	0.785	0.058
8	0.747	0.805	0.364

从表 6-3 可以看出,对于景观健康评价指标,景观百分比、景观斑块密度在第一主成分上有较高载荷,说明第一主成分反映了这些指标的信息。这些指标是森林斑块特征的指标,可以认为第一主成分是森林斑块特征的指标。最近邻近距离、散布与并列指数在第二主成分上有较高载荷,说明第二主成分反映了

这些指标信息。这些指标是有关森林景观异质性的指标,可以认为第二主成分是森林景景观异质性的表征。边缘总长度、分维数和形状指数在第三主成分上有较高荷载,说明第三主成分反映了这些指标信息,可以认为第三主成分是反映景观形状的指标。

二、亚布力森林公园森林群落结构特征评价指标权重计算

森林群落结构健康评价指标包括组织结构(平均胸径、高度、年生长量、香农－威纳指数、郁闭度)、群落抵抗力(游客密度、病虫害危害程度)、群落立地条件(土壤全氮、速效钾、速效磷、有机质)、群落生态服务功能(生物量、固碳量、释放氧气量、涵养水源量、保育土壤量、净化大气量、旅游收入)等 18 个指标。表 6-4 是变量的相关矩阵,从相关矩阵中的相关系数可知,研究变量之间存在高度的相关性,可以进行主成分分析。

表 6-4 相关矩阵

	9	10	11	12	13	14	15	16	17
9	1	0.88	0.83	−0.99	−0.75	−0.22	0.81	−0.85	−0.65
10	0.88	1	0.86	−0.94	−0.84	−.89	0.72	−0.76	−0.86
11	0.83	0.86	1	−0.78	−0.71	−0.80	−0.75	−0.68	−0.78
12	−0.99	−0.94	−0.78	1	0.84	0.77	0.91	0.36	0.34
13	−0.75	−0.84	−0.71	0.84	1	0.53	0.65	0.43	0.69
14	−0.22	−0.89	−0.80	0.77	0.53	1	−0.75	0.48	0.75
15	0.81	0.72	−0.75	0.91	0.65	−0.75	1	−0.81	0.66
16	−0.85	−0.76	−0.68	0.36	0.43	0.48	−0.81	1	0.48
17	−0.65	−0.86	−0.78	0.34	0.69	0.75	0.66	0.48	1
18	−0.29	−0.87	−0.33	0.30	0.58	0.38	0.68	0.65	0.33
19	−0.49	−0.86	−0.29	0.25	0.37	0.58	0.72	0.83	0.66
20	−0.12	0.64	0.73	0.23	0.40	0.82	0.83	0.59	0.53
21	−0.36	0.73	0.89	0.23	0.36	0.82	0.62	0.56	0.51

	9	10	11	12	13	14	15	16	17
22	−0.42	−0.66	−0.25	0.65	0.58	0.91	−0.73	0.47	0.81
23	−0.77	−0.88	0.16	0.86	0.46	0.96	−0.88	0.44	0.64
24	−0.23	−0.79	−0.02	0.77	0.53	0.97	−0.45	0.48	0.76
25	−0.72	−0.91	−0.61	0.67	0.53	0.99	−0.67	0.48	0.75
26	−0.82	−0.1	−0.81	0.78	0.53	0.99	−0.74	0.48	0.75

	19	20	21	22	23	24	25	26
9	−0.50	−0.12	−0.36	−0.42	−0.77	−0.23	−0.72	−0.82
10	−0.86	0.64	0.73	−0.66	−0.88	−0.79	−0.91	−0.1
11	−0.29	0.73	0.89	−0.25	0.16	−0.02	−0.61	−0.81
12	0.25	0.23	0.23	0.65	0.86	0.77	0.67	0.78
13	0.37	0.40	0.36	0.56	0.46	0.53	0.53	0.53
14	0.58	0.82	0.82	0.91	0.96	0.97	0.99	0.99
15	0.72	0.83	0.62	−0.73	−0.88	−0.45	−0.67	−0.74
16	0.83	0.59	0.56	0.47	0.44	0.48	0.48	0.48
17	0.66	0.53	0.51	0.81	0.64	0.76	0.75	0.75
18	0.82	0.51	0.46	0.44	0.30	0.38	0.38	0.38
19	1	0.65	0.60	0.66	0.47	0.58	0.58	0.58
20	0.65	1	0.98	0.72	0.80	0.82	0.82	0.82
21	0.60	0.98	1	0.68	0.83	0.82	0.83	0.82
22	0.66	0.72	0.68	1	0.76	0.91	0.92	0.92
23	0.47	0.80	0.83	0.76	1	0.95	0.96	0.96
24	0.58	0.82	0.82	0.91	0.95	1	0.99	0.98
25	0.58	0.82	0.83	0.92	0.96	0.99	1	0.99
26	0.58	0.82	0.83	0.92	0.96	0.98	0.99	1

根据可用因素间的共同性结果进行检验，从表 6-5 中给出的提取公因子前

后各变量的共同度,从提取值一列数据看出,各个变量的共同度达到 0.866~
0.982,变量空间转换为因子空间时保留了 86.6%~98.2% 的信息,虽然没有达
到 100%,但因子分析已经达到显著效果。

表 6-5　公因子方差

指标	初始值	提取值
9	1	0.907
10	1	0.842
11	1	0.867
12	1	0.866
13	1	0.872
14	1	0.982
15	1	0.978
16	1	0.807
17	1	0.845
18	1	0.868
19	1	0.908
20	1	0.868
21	1	0.874
22	1	0.862
23	1	0.936
24	1	0.982
25	1	0.982
26	1	0.982

根据样本相关矩阵的特征根与主成分贡献率(表 6-6),前 3 个主成分的特
征值累计贡献率达到 91.395%,根据累计贡献率大于 85% 的原则,故选取前 3
个特征值。

表 6-6　样本相关矩阵的特征根与主成分贡献率

成分	初始特征值			提取平方和载入		
	合计	方差（%）	累积方差（%）	合计	方差（%）	累积方差（%）
9	9.411	62.285	62.285	9.411	62.285	62.285
10	2.648	20.711	82.966	2.648	20.711	82.966
11	1.512	8.399	91.395	1.512	8.399	91.395
12	1.308	2.265	93.66	1.308		
13	0.949	1.270	94.93	0.949		
14	0.784	1.354	96.284			
15	0.578	1.213	97.497			
16	0.278	0.543	98.04			
17	0.229	0.274	98.314			
18	0.165	0.918	99.232			
19	0.089	0.429	99.661			
20	0.031	0.174	99.835			
21	0.013	0.075	99.91			
22	0.005	0.026	99.936			
23	0	0	100			
24	0	0	100			
25	0	0	100			
26	0	0	100			

　　对于森林群落特征主成分分析，第一主成分具有较大荷载值的指标有土壤全氮、土壤全磷、土壤有效钾、土壤有机质、年生物量、年固碳量、年释放氧气量、年涵养水源量、年保育土壤量、年净化大气量、年旅游收入，这些指标反映了森林的干扰能力、立地条件和生态服务功能等特征。第二主成分具有较大荷载的指标有林分平均高、林分平均胸径、年生长率、郁闭度、香农－威纳指数，这些指标反映了森林群落的结构特征。第三主成分具有较大荷载的指标有游客密度、

病虫害危害程度,反映森林的抗干扰特征。见表 6-7。

表 6-7　正交旋转后的主成分载荷矩阵

指标序号	第一主成分	第二主成分	第三主成分
9	0.39	1.754	0.423
10	−0.182	1.621	0.437
11	−0.151	1.704	−0.257
12	0.317	−1.555	0.119
13	−0.198.	1.611	−0.397
14	−0.094	1.244	0.954
15	−0.021	−0.087	0.584
16	0.673	−1.396	0.198
17	0.818	−1.216	−0.164
18	0.546	−1.352	0.421
19	0.765	−1.374	0.288
20	0.866	0.213	0.241
21	0.848	0.287	0.241
22	0.910	0.027	−0.082
23	0.886	0.374	−0.100
24	0.955	0.239	−0.094
25	0.954	0.244	−0.092
26	0.954	0.244	−0.094

三、森林景观健康综合评价指标权重计算

　　根据公式 6-2、6-3 计算主成分权重和各指标权重值,计算结果见表 6-8。各指标权重的计算是根据特征根的贡献率确定前面 m 个主成分的相应权重,从主成分载荷矩阵求出各指标对主成分分量的贡献,二者相乘以求得各指标对总体的贡献值,再进行归一化处理,即得到各指标的标准权重。各综合指标的权重值也是根据主成分的贡献率来确定。

表 6-8　指标权重

综合指标	综合指标权重	要素指标	要素指标权重
景观结构	0.207	景观百分比	0.236
		边缘总长度	0.078
		景观边缘密度	0.096
		景观斑块密度	0.245
		形状指数	0.133
		分维数	0.218
		最近邻近距离	0.142
		散布与并列指数	0.131
组织结构	0.178	林分平均高	0.217
		林分平均胸径	0.111
		年生长率	0.202
		郁闭度	0.078
		香农—威纳指数	0.107
抵抗力	0.064	游客密度	0.121
		病虫害危害程度	0.055
立地条件	0.186	土壤全氮	0.167
		土壤全磷	0.211
		土壤有效钾	0.087
		土壤有机质	0.136
活力、生态服务功能	0.365	年生物量	0.212
		年固碳量	0.177
		年释放氧气量	0.266
		年涵养水源量	0.212
		年保育土壤量	0.357
		年净化大气量	0.343
		年旅游收入	0.278

亚布力森林公园森林景观健康评价

从各指标的权重系数可知,森林生态服务功能指标对森林景观生态健康的贡献率最大,为0.365,对森林景观生态健康有重要影响。其次是景观结构指标,为0.207。立地条件和组织结构的权重分别为0.186和0.178,抵抗力的权重系数为0.064,主要是因为亚布力森林公园森林群落主要为中、幼龄林,林分生产力相对较低,病虫害较轻。

根据所建立的亚布力森林公园森林景观健康评价指标体系,结合亚布力森林公园2014年二类资源调查数据和实地调查资料,经主成分计算和分析,得出亚布力森林公园森林景观健康定量评价值,见表6-9。亚布力森林公园森林景观综合评价得分为0.72,属于亚健康的上限区间范围。从综合指标评价得分来看,得分大小顺序为活力、生态服务功能>立地条件>景观结构>组织结构>抵抗力。活力、生态服务功能和立地条件综合指标得分较高,说明亚布力森林公园森林生态系统的生态服务功能相对较好,土壤相对肥沃。景观结构得分为0.65,森林景观结构总体上比较稳定。抵抗力得分最小,说明亚布力森林公园森林抗外界干扰的能力相对较弱,受人为干扰较大。组织结构得分为0.53,得分相对偏低,说明亚布力森林公园内森林群落结构有待调整和优化。

表 6-9　亚布力森林公园森林景观综合评价得分

综合得分	综合指标	综合指标得分	要素指标	要素指标得分
亚布力森林公园森林景观健康评价			景观百分比	0.063
			边缘总长度	0.076
			景观边缘密度	0.123
			景观斑块密度	0.063
			形状指数	0.112
			分维数	0.032
	景观结构	0.65	最近邻近距离	0.136
			散布与并列指数	0.078

0.72

综合得分	综合指标	综合指标得分	要素指标	要素指标得分
亚布力森林公园森林景观健康评价 0.72	组织结构	0.53	林分平均高	0.161
			林分平均胸径	0.121
			年生长率	0.096
			郁闭度	0.085
			香农－威纳指数	0.10
	抵抗力	0.31	游客密度	0.103
			病虫害危害程度	0.048
	立地条件	0.75	土壤全氮	0.133
			土壤全磷	0.067
			土壤有效钾	0.062
			土壤有机质	0.121
	活力、生态服务功能	0.91	年生物量	0.119
			年固碳量	0.103
			年释放氧气量	0.201
			年涵养水源量	0.188
			年保育土壤量	0.276
			年净化大气量	0.099
			年旅游收入	0.112

本章小结

本章根据第三、四、五章的研究结果,利用主成分分析方法,选择景观结构指数、群落特征指数、抵抗力、立地条件和森林生态服务功能等 5 个方面 26 个指标,建立亚布力森林公园森林景观健康评价指标体系,参考国内外研究文献,建立了评价标准,经过统计产品与服务解决方案软件计算与分析,景观综合评价得分为 0.72,说明亚布力森林公园森林景观健康程度处于亚健康的上限区域,这一得分结果与亚布力森林公园实际情况相符。

第七章

亚布力森林公园景观优化布局与可持续经营管理

景观格局优化是目前景观生态学研究的热点和难点问题之一。景观格局优化就是在综合理解景观格局、生态服务功能和健康评价的基础上，通过调整优化各种景观类型在空间上和数量上的分布格局，使景观更加健康和稳定，确保其产生最大景观生态效益，实现区域可持续发展。

随着人类活动增加，对景观产生破坏或干扰，导致景观生态功能衰退，要求优化景观格局以缓减景观功能衰退的趋势。由于景观格局优化目前尚处在研究初期，没有判别标准，缺乏成熟方法，关于优化的理论和方法尚处于探索阶段，有待在以后的研究中逐步完善。[①] 然而，景观格局优化有着共同的目标：维持生物多样性、资源的可持续利用，为景观可持续管理和决策提供理论依据和技术支持。[②]

第一节 亚布力森林公园景观格局存在的问题

一、人为因素干扰严重

人为因素是最具有活力的景观变化的驱动力之一。亚布力森林公园人为干扰因素一直存在。亚布力森林公园最早的植被群落类型是以红松为主构成

---

① 韩文权,常禹,胡远满等.景观格局优化研究进展[J].生态学杂志,2005,24(12):1487—1492.

② 韩文权,常禹,胡远满等.基于地理信息系统的四川岷江上游杂谷脑流域农林复合景观格局优化[J].长江流域资源与环境,2012(2):10—17.

的典型的红松阔叶混交林。1949年以后,国家开始封山育林和大规模的植被造林,各类次生森林群落都得到了自然恢复和发展,形成了今天的天然次生林群落。

改革开放以来,随着人口的增长、经济的快速发展,必须增加建设用地、居民用地和农业用地的需求。在亚布力森林公园内,由于对外交通不便,当地居民一般会以居民点为中心从事各种生活或生产活动,居民对森林景观的影响往往以居民点为中心向外扩散,亚布力森林公园内居民用地面积为65.75公顷,占总面积的0.46%,主要分布在海拔600米以下,但坡度>25°的居民用地占居民用地总面积的11.26%。为了生活,居民会以居民点为中心盖房、开垦、毁林等活动,其直接影响是毁林,造成森林景观破坏;间接影响是加重水土流失,造成土壤贫瘠,淤积下游地区的河流和湖泊。

亚布力森林公园农业用地面积为1614.12公顷,占景观总面积的11.49%。农业用地主要以居民点为中心向外扩散。农业用地主要是周围居民多年来开垦、毁林形成的,破坏了大量的森林景观形成。农业用地主要分布在200～600米之间,大于25°的坡地上,农地占14.54%,陡坡开垦种田的直接后果是加重水土流失。

建设用地主要包括基础设施建设、道路等用地,面积为421.22公顷,占总面积的2.99%。随着人口的增加、经济的发展、森林公园的旅游开发,亚布力森林公园的基础设施建设每年都有增加趋势。随着公园内建筑物和道路的修建、景观林改造、停车场等设施的建设,会形成新的拼块和廊道,对原有斑块形成了切割或代替,改变了原有景观的性质,新的拼块和廊道的出现使景观的多样性提高,但破碎度增大。

森林旅游对景观的影响主要包括践踏土壤、植物和影响动物的栖息地。亚布力森林公园每年接待游客近30万人次,大量的游客行走和践踏,改变了土壤的物理性质和地面上植物的生长,如对环境比较敏感的苔藓类和蕨类植物等,因为游客的践踏而消失。同时,游客的活动对野生动物的生境构成威胁,一些动物为了安全而远离其栖息地。

二、部分景观破碎化比较明显

亚布力森林公园整体景观破碎化程度低,斑块比较集中,集中成片分布。

但农业景观相对来说呈现破碎化现象,农业景观为1614.12公顷,占景观总面积的11.49%,斑块个数85个,斑块平均面积为19.4公顷,其分维数为1.33,说明农地大部分是以小斑块零散分布,其斑块破碎化程度高,斑块形状受人类的干扰程度较大,斑块形状趋于规则化。从斑块密度来看,农业景观也呈现破碎化,且异质性相对较高。农业景观的破坏化和斑块形状趋于规则化,主要是人为经营活动引起的,无序开垦、毁林等造成的。农业景观的破碎化会加剧水土流失。

在有林地中,白桦林景观的斑块个数30个,斑块平均面积为13.92公顷,说明白桦林景观比较分散,斑块不集中,呈破碎化现象。

三、森林景观结构有待改进

亚布力森林公园内以纯林为主,混交林较少。阔叶混交林、针阔混交林和针叶混交林的比重分别为24.76%、5.67%和0.06%,混交林总共占有林地总面积的30.5%,混交林所占比例较少。纯林面积占有林地总面积的69.5%,纯林面积比重过大。

在有林地中,以阔叶林为主,针叶林相对较少。阔叶林面积占有林地总面积的79.8%;针叶林面积相对较少,占有林地面积的20.1%。针叶林大部分为人工林,为了加快亚布力森林公园群落的演替时间,人为增加了一定数量的针叶林树种,天然的针叶林零星地分布于其他林地中。

林下植被相对稀少,乔、灌、草相结合的群落结构不明显,群落结构总体较为简单。

四、森林群落林龄结构不合理

亚布力森林公园森林景观以幼龄林为主,是景观的基质,占有林地面积的48.7%,中龄林占有林地面积的23.5%,近熟林和成熟林景观较少,占有林地面积的27.8%,天然次生过渡特征明显。幼龄林比重过多,森林抵抗自然和人为干扰的能力相对较弱,尤其是遇到干旱或病虫害,幼龄林抗干扰的能力相对较弱。幼龄林较多,森林的生态服务功能相对偏低,有待提高。

第二节　亚布力森林公园景观格局优化目标和原则

一、优化目标

景观格局优化目标是针对景观格局存在的问题,遵守景观生态学原理,通过相应的优化措施,使景观组成要素和空间分布尽可能合理,结构上尽可能完善,维持景观的稳定性及生态过程的连续性,健康发展,以最大发挥其生态效益,持续发展,实现亚布力森林公园永续利用和区域生态安全。

二、优化原则

(一)综合系统性原则

景观优化是一项综合性、系统性工作,必须对研究区域进行全面理解,在掌握景观的起源、现状和变化状况等内在关系的基础上,通过对景观的结构、过程和价值等深入研究、分析、评价,使区域景观优化结构与自然特征和经济发展相适应,谋求对生态、社会、经济三大效益的协调统一,以达到景观结构和功能的整体优化。

(二)生态持续性原则

生态持续性原则要求景观优化中所制订的经营目标和相应的经营措施必须保证景观和生态系统水平上具有可持续性,不应给景观健康和稳定性带来损害,确保景观系统的整体结构、功能和过程的可持续。

(三)景观多样性原则

景观多样性是指景观单元在结构和功能方面的多样性,反映了景观的复杂程度,包括斑块多样性、类型多样性和格局多样性。多样性原则,体现生物多样性,丰富植物群落结构、层次、种类,增加森林景观的异质性,提高景观连接度,保留大面积自然植被斑块,提高生物多样性。

（四）尊重自然，突出地域特色

景观具有地域性，景观的地域性是多年来地域环境形成的，在景观优化时应尽可能减少对原有景观的改变，生物选择时以地带性物种为主，以利于形成稳定而有地区特色的森林景观类型。

第三节 景观格局优化与可持续经营的措施

一、景观破碎化的优化

根据第三章分析结果,亚布力森林公园破碎化比较严重的一级景观是农用地,二级景观是白桦林地。

按照我国2002年颁布的《退耕还林条例》和2011年颁布的《中华人民共和国水土保持法》中的规定,禁止在坡度>25°的陡坡上种植农作物,在坡度>25°的陡坡上种植农作物应因地制宜,逐步退耕还林还草。根据统计结果,在亚布力森林公园内坡度>25°的农业用地为234.68公顷,农业用地应还林还草,居民用地应推行生态移民。25°是水土流失发生较大变化的临界坡度,土壤流失量高出普通坡地2倍,极易引发严重水土流失。陡坡开垦的直接后果加剧水土流失,造成土壤贫瘠,淤积河道和湖泊。

农业用地景观优化对策是对一些面积较小的(≤5公顷)比较分散的斑块,及坡度>25°的耕地退耕还林;在部分农业用地中,存在零星分布、面积较小的林地,应该退还农业用地,确保农用地景观在景观优化之后,面积尽量保持平衡。用于农用地景观发展方向是建立较大的农用地斑块,发展成片,禁止乱垦乱开现象。退耕前后斑块特征对比(表7-1)。优化前后农用地斑块个数减少为31个,平均斑块面积为40.4公顷,斑块密度为0.025个/公顷,表现出农用地斑块面积较大,连片分布。而林业用地斑块个数由优化前的33个增加到114个,平均斑块面积为94.78公顷,斑块密度为0.011个/公顷,表明有林业地呈现出破碎化,出现这种现象的原因是有林地面积增加了,树种多样性增多。

表 7-1 亚布力森林公园退耕还林前后斑块特征对比

		斑块个数(个)	平均斑块面积(公顷)	面积(公顷)	斑块密度(个/公顷)
退耕前	有林地	33	317.01	10 467.95	0.0 032
	农用地	85	19.94	1614.12	0.053

		斑块个数 (个)	平均斑块面积(公顷)	面积 (公顷)	斑块密度(个/公顷)
退耕后	有林地	114	94.78	10 829.25	0.011
	农用地	31	40.4	1252.82	0.025

白桦林呈现破碎化的原因是白桦林比较分散,不集中分布,因此可以通过人为措施,通过廊道建设,把分散的白桦林连成整体,增加白桦林的整体连通性,从而减少白桦林分散的斑块。

二、景观多样性优化

根据第三章分析结果,亚布力森林公园多样性指数为2.66,表明森林公园整体景观多样性不高。出现这一情况的主要原因是亚布力森林公园地处我国温带地区,代表性植物主要为阔叶林及其混交林、针叶林及其混交林、针阔混交林。由于温带地区物种相对较少,造成景观类型多样性不高。亚布力森林公园内以阔叶林为主,针叶林面积相对较少,所以还应选择合适的树种,增加景观的多样性,从而提高生态系统的稳定性和健康性。

可以通过人工造林,增加景观的多样性,其中树种选择是关键。树种选择时应考虑到气候条件、立地条件,同时还应具有美化环境、净化空气等多种生态功能。人工造林时,造林形状尽量近自然化,增加人工林形状的复杂性。

亚布力森林公园内宜林地面积为516.84公顷,宜林地面积虽不大,但可以逐步恢复为人工林,增加景观的多样性。同时还可以对长势不好的中、幼龄林进行更新改造,逐步改造为多林种、多林层的景观类型。

三、森林群落结构优化

亚布力森林公园群落结构的优化应结合"造、补、改、疏和育"等措施,优化群落配置,逐步改善森林的群落结构。人工造林或更新改造时应注意符合林层的搭配,乔、灌、草相结合,增加混交林的比例。对郁闭度低的林地可以采取补种措施,提高森林的郁闭度,对较密的林分采取疏伐措施。同时要加大对中、幼龄林的抚育,提高中、幼龄林的生长,提高林地的生态服务功能和生产力。

合理搭配树种是森林群落结构优化的重要手段。采用阔叶＋针叶＋灌＋草、阔叶＋阔叶＋灌＋草、针叶＋针叶＋灌＋草等多种配置方式，优化群落的空间结构，提高群落的多样性。

四、继续推进"天然林保护"工程

森林景观资源是发展森林旅游的物质载体，合理地开发和利用森林景观资源，抚育和保护森林景观，对于森林公园的持续发展至关重要。亚布力森林公园内有林地是整个公园的基质景观，发挥着重要的生态服务功能，对整个亚布力森林公园的动态变化起着主导作用。但亚布力森林公园内森林资源中、幼龄林比重大，还有大量郁闭度低的低产林分、宜林地、疏林地和未成林地，对于这样的景观类型，生态服务功能低，生产力低，有待提高生态服务功能。

2000 年我国实行"天然林保护"工程以来，取得了良好的生态效益和经济效益，实现了由以木材生产为主向以生态建设为主的历史性转变。亚布力森林公园宜继续实行"封山育林"和"天然林保护"工程，采用近自然的抚育方式，保护好现有森林景观类型。在保护森林景观的同时，要加大对中、幼龄林景观的抚育力度，改善中、幼龄林的生态环境质量，提高中、幼龄林的生产力和生态服务功能。

五、划定亚布力森林公园生态红线

国家林业局 2013 年启动了保护"森林、湿地、荒漠植被和野生动植物"生态红线行动，目前全国各地也都在落实这一行动，确定各地的生态红线范围及面积。

根据这一行动，亚布力森林公园也应该尽早划定公园内生态红线的范围及面积，确保森林、湿地和水域景观资源的面积不因为旅游项目的建设而减少，应该实行占一补二。亚布力森林公园有林地景观面积为 10 467.95 公顷、疏林地景观面积 121.59 公顷、未成林造林地景观面积为 377.92 公顷、苗圃地景观面积为 1.94 公顷、沼泽地景观面积为 432.80 公顷、水域景观面积为 31.37 公顷。亚布力林地生态红线下限面积不少于 10 969.4 公顷，沼泽地生态红线下限面积不少于 432.80 公顷，水域生态红线下限面积不少于 31.37 公顷。

六、推进生态移民和建立生态补偿制度

生态移民是指有计划、有步骤地将森林腹地的常住人口搬迁到林区城镇或

人口相对集中的浅山区,撤人离山,扩展生活空间,减少人为因素对森林的破坏,减轻森林的承载压力,促进森林的自然修复,提高生态功能。按照我国2002年颁布的《退耕还林条例》,在陡坡上居住的居民在退耕还林还草过程中,应逐步实行生态移民政策,把居住在陡坡上的居民移到人口相对集中的地区,并提供相应的就业机会和政策。亚布力森林公园内居民用地面积为65.75公顷,其中坡度＞25°居民用地面积为6.02公顷,陡坡上的居民应该逐步撤离林区,就近安置。

退耕还林还草和生态移民之后,工程实施区生态环境得到改善,森林的生态服务功能得以持续利用,受益的是整个区域的人民,而受损的是退耕农户和移民农户,永远失去土地的经济效益,对其进行必要的生态补偿是不可缺少的。按照现行的政策规定,国家给予退耕农户的经济补助期限是2～8年(即还草2年、还经济林5年、还生态林8年补助)。显然,相对于退耕农户的损失来说,补偿2～8年的时间是不够的。补偿标准:长江流域及南方地区每亩退耕地每年补助现金105元,黄河流域及北方地区每亩退耕地每年补助现金70元,很显然,补偿标准偏低。为了鼓励更多的农民退耕还林,可以从森林公园门面票中提取相应的费用,加大对退耕户的补偿力度,以此鼓励退耕户退耕还林。

亚布力森林公园地处尚志市的西南部,是黄泥河和蚂蚁河的发源地,是尚志市重要的水源涵养地。亚布力森林公园每年的生态服务功能价值量为45 310.1万元,其中水源涵养和保育土壤的价值量分别为13 415.3万元/年和14 847.2万元/年。亚布力森林公园森林生态服务功能的受益对象是整个区域的居民,所以应该按照"谁受益,谁补偿"原则,建立生态补偿机制,加大对亚布力森林公园的补偿力度,确保林区的可持续经营和永续利用。

七、加强森林病虫害防治和森林防火

防治森林病虫害和森林防火是保障森林景观安全的重要保障。根据调查的小班样地,亚布力森林公园内森林病虫害并不严重,虽然只是个别林地上有杨树烂皮病、白粉病及落叶松松瘿小卷蛾、星光肩天牛等病虫害,但对森林病虫害的防治不能轻视,应该防患于未然,建立病虫害监测预报体系和有害生物突发应急体系,时刻监测森林的健康状况和应急处理能力,把病虫害成灾率控制在2%以下。

森林防火是亚布力森林公园管理工作的重中之重,必须时刻高度重视,严加防范。亚布力森林公园对外开放,冬季主要是滑雪项目。由于游客人员对森林防火意识不强,警惕性不高,是森林火灾发生的主要隐患,因此,对游客应以宣传教育为主,提醒游客森林火灾的危害性,在重点区段设置防火宣传牌,门票后印写防火须知等教育提示;在各重点区段配备必要的防火设施及通信工具;加强网络建设,实行网络监测。另外,还应加大执法力度,对违法行为及时依法查处。

本章小结

本章根据第三章到第五章的分析,有针对性地提出亚布力森林公园内景观格局存在的问题,分析问题产生的原因,提出了景观格局优化目标和原则,针对问题提出了相应的优化与持续经营措施,并对有林地和农用地空间格局优化进行前后对比分析,表明优化后的有林地和农用地分布格局更加合理。

第八章

结论与讨论

第一节　结论

本章以亚布力国家森林公园为研究对象,借助地理信息系统技术平台,以亚布力森林公园 2014 年森林资源二类调查数据和野外实测数据为基础,首次较系统地研究了亚布力森林公园景观格局、斑块特征、群落结构特征、森林生态系统服务功能、森林健康和景观格局优化等方面的内容。通过研究得出如下结论:

一、对亚布力森林公园整体景观进行分类

通过 Fragstats 景观分析软件对亚布力森林公园整体景观进行分类,其中一级景观分成 10 类,二级景观(森林景观)分成 18 类。一级景观中有林地占公园总面积的 74.5%,是亚布力森林公园景观的基质景观。一级景观面积的大小顺序为有林地(74.5%)>农地(11.49%)>宜林地(3.68%)>沼泽地(3.08%)>建设用地(2.99%)>未成林造林地(2.70%)>疏林地(0.87%)>居民用地(0.46%)>水域(0.22%)>苗圃地(0.01%)。森林景观面积的大小顺序为阔叶混交林(24.76%)>椴树(17.57%)>落叶松(11.83%)>色木(11.74%)>枫桦(5.89%)>针阔混交林(5.67%)>水曲柳(5.05%)>山杨(6.23%)>白桦(3.99%)>柞木(2.23%)>樟子松(1.82%)>人工杨(0.88%)>胡桃楸(0.83%)>榆树(0.66%)>云杉(0.59%)>红松(0.15%)>针叶混交林(0.07%)>冷杉(0.03%)。

二、从地形因子海拔、坡度、坡向等方面分析森林公园整体景观分布特征

有林地主要分布在海拔 400～600 米之间,占 51.46%;农地主要分布在 200～600 米之间,占 92.3%;沼泽地、水域、建设用地、居民用地分布在海拔 600 米以下;疏林地主要分布在 600～1200 米之间;未成林造林地从海拔 0～1200 米之间都有分布,主要是人工针叶林。森林景观中,针叶林景观主要分布在海拔 200 米～600 米之间,占有林地面积的 14.19%,阔叶林景观主要分布在海拔 200 米～800 米之间,占有林地面积的 78.31%。

一级景观类型主要分布在 0～25°之间,占 82.1%;有林地 83.01%分布在 <25°的坡地上,以 15°～25°的斜坡上最多。在坡度>25°的坡地上,农地占 14.54%,居民用地占 11.26%。森林景观 97.83%生长在<35°以下,其中 15°～25° 所占比例最大,为 36.55%;其次是 5°～15°坡度,为 30.16%;0°～5°坡度为 16.67%;25°～35°坡度为 14.46%。

一级景观类型主要分布在阴坡、半阴坡,占总面积的 64.97%。有林地主要分布在阴坡、半阴坡和半阳坡,分别占其面积的 33.44%、30.93%和 20.83%;农地主要分布在阴坡和半阴坡,分别占其面积的 36.3%和 29.06%。

三、从多方面分析公园景观格局

从斑块类型特征、形状指数、景观异质性、景观空间相互关系和景观多样性等方面分析公园景观格局。

一级景观斑块数大小顺序为农地>有林地>宜林地>未成林造林地>沼泽地>疏林地>建设用地>居民用地>水域>苗圃地,说明农地斑块破碎化程度高;有林地斑块比较集中,破碎化程度低。森林景观中,白桦林斑块比较分散,破碎化较为严重。阔叶混交林、椴树林、落叶松林、色木林对景观的贡献率较大。

一级景观的形状指数为 1.17～2.02,一级景观的平均形状指数为 1.62,分维数在 1.27～1.34 之间,有林地形状指数(2.02)和分维数最大(1.34),有林地景观类型的形状最复杂。森林景观形状指数为 1.5～2.22,平均形状指数为 1.86,其中樟子松的形状指数(2.22)和分维数(1.35)最大,说明樟子松林形状最复杂。

一级景观总体异质性相对较低,但农地和疏林地小斑块分布不集中,比较分散和破碎,异质性相对较高;森林景观中,红松林、冷杉林、针叶混交林、人工杨景观异质性相对较大。

一级景观中,水域、疏林地和建设用地景观要素之间相邻比较远,比较分散,景观要素之间的连通性差;森林景观中,胡桃楸、红松、人工杨、榆树景观要素之间的连通性比较差。

亚布力森林公园总体景观多样性指数为 2.66,整体多样性不高;均匀度指数为 0.81,趋于 1,优势类型景观相对少。

四、森林群落结构

森林群落结构以中、幼龄群落为主,森林平均直径和平均高度相对偏小;针叶林中落叶松的重要值为 0.64,大于其他针叶群落;阔叶林中阔叶混交林的重要值最大,为 0.72,大于其他阔叶林群落。从物种丰富度指数、物种多样性指数、群落均匀度和生态优势度来看,各种群落总体差异不大,阔叶林内物种丰富度指数、物种多样性指数和群落均匀度大于针叶林。

五、森林生态服务功能评价结果

活立木总蓄积量为 953 895 立方米,年新生蓄积量为 33 209.62 立方米,活立木年均增长价值为 1874.1 万元。

有林地和疏林地总生物量为 87.86×10^4 吨,平均生物量密度为 83.02 吨/公顷。

有林地碳储量为 38.02×10^4 吨,占总碳储量的 99.82%。椴树林是亚布力森林公园内碳储量的主体。净固定碳量为 12 225.8 吨/年,固碳价值为 318.9 万元/年,释放氧的价值为 1237.6 万元/年。

森林涵养水源总量为 1636.2×10^4 吨/年,涵养水源价值量为 9996.2×10^4 元/年。

减少土壤有机质的损失量为 9.1 万吨/年,减少土壤肥力的损失总价为 15 568.5 万元/年。

亚布力森林公园每年净化大气的价值为 2698.1 万元。

每年保护生物多样性的价值为 4600.7 万元。

亚布力森林公园每年的森林游憩收入约 6250 万元。

亚布力森林公园森林生态服务功能总价值为 45 236.6 万元/年。

六、亚布力森林公园森林景观健康程度

选择景观结构指数、群落特征指数、抵抗力、立地条件和森林生态服务功能等 5 个方面 26 个指标,运用主成分分析方法评价亚布力森林公园森林景观健康现状,统计产品与服务解决方案软件计算与分析,景观综合评价得分为 0.72,说明亚布力森林公园森林景观健康程度处于亚健康的上限。

七、针对问题提出优化措施

针对亚布力森林公园景观格局、群落结构、生态服务功能和森林健康存在的问题,从景观破碎化优化、多样性优化、群落结构优化、生态红线划分、天然林保护等方面提出了一些优化与持续经营的措施,为公园永续利用、持续发展提供参考依据。

第二节　创新点

本研究的创新之处主要有：

第一，首次较系统地对亚布力森林公园景观格局、斑块特征、群落结构特征、立地条件、森林生态服务功能、森林健康、景观格局优化等方面进行详细的分析与评价，弥补了亚布力森林公园缺少相关研究资料的缺憾。

第二，森林健康评价采用主成分分析法，将森林的生态服务功能、游客密度、土壤肥力状况等定量指标，用于森林健康评价，突破了以往单纯从景观特征、森林病害情况和群落结构等方面的缺陷。森林的生态服务功能是人类的福祉，通过定量化评价与分析，增强人们保护森林的感性与理性认识，把森林的生态服务功能、游客密度、土壤肥力状况等定量指标用于森林的健康评价，比仅从景观特征、森林病害情况和群落结构等指标评价森林健康更具有说服力，同时通过森林的生态服务功能和土壤肥力状况的分析，可以为森林的经营管理与更新改造提供技术支撑，具有一定的创新性。

第三，在亚布力国家森林公园景观格局优化中，提出了生态红线边界和范围，对小尺度下景观格局的优化、未来的森林公园规划和建设具有较强的指导和约束作用，突破了以往仅从景观格局优化方面考虑森林公园的发展和建设，缺少对森林公园保护和建设的约束力，具有一定的创新性。

本研究的不足之处：由于数据和资料的不足，缺少森林景观格局的动态变化分析。

第三节　讨论

第一，目前国内外对森林公园景观格局的研究，主要从景观格局的特征指数分析森林的斑块与景观特点及动态变化，很少与森林群落结构特征、森林土壤肥力、生态服务功能和森林健康评价结合起来进行分析，不能全面反映研究区域景观格局的现状、生产力高低、生态效益水平及健康状况。由于研究水平有限，再加上缺少相关资料，本研究还不够深入，有待进一步深入研究和探讨。

第二，亚布力森林公园是尚志市的水源涵养地和生态屏障，对确保尚志市的生态安全具有重要意义。由于亚布力森林公园是重要的滑雪场地，不可避免地造成人为破坏森林景观的现象，为了确保亚布力森林公园森林生态服务功能正常、持续发挥，应该合理优化亚布力森林公园的景观结构，划定亚布力森林公园的生态红线，在景观格局优化、景观美学与生态红线划定方面进行全面定量研究，以便更好地发挥亚布力森林公园生态、社会和经济效益。

第三，本研究虽然从森林的景观格局、生态服务功能、土壤肥力等方面对森林的健康状况进行了评价，但是由于评价的方法和指标的筛选对评价结果具有重要影响，再加上影响森林健康的因素很多，如何科学合理地选取评价方法和筛选指标体系，都有待慢慢探索和验证。

参考文献

[1]曾宏达.基于 DEM 和地统计的森林资源空间格局分析——以武夷山山区为例[J].地球信息科学学报,2005,7(2)：82-88.

[2]蔡小虎,等.基于马尔柯夫模型的森林景观动态的变化分析[J].四川林业科技，2007 (4)：10-15.

[3]王洪成,等.双子山国家森林公园生态网络体优化策略[J].中国林副特产.2019(2)：86-87.

[4]杨国靖,等.基于 GIS 的祁连山森林景观格局分析[J].干旱区研究,2004,21(1)：27-32.

[5]赖承义,等.基于生态系统健康指数的宁波四明山区域森林服务功能价值评估[J].中南林业科技大学学报,2021,41(10)）:111-121

[6]王洪成,等.浅析郊野公园局部景观规划设计[J].中国林副 2014(2):97-99.

[7]邓向瑞.北京山区森林景观格局及其尺度效应研究[D].北京:北京林业大学，2007.

[8]Lü XT，Yin JX，Jepsen MR，et al. Ecosystem carbon storage and partitioning in a tropical seasonal forest in Southwestern China[J]. Forest Ecology and Management，2010，260(10)：1798-1803.

[9]王洪成,等.旅游活动对崂山风景区植物群落干扰的影响[J].山东农业大学学报(自然科学版)2015.46(2).280-283.

[10]中国森林公园风景资源质量等级评定 GB/T 18005-1999

[11]Cheng CH，Hung CY，Chen CP，et al. Biomass carbon accumulation in aging Japanese cedar plantations in Xitou，central Taiwan. Botanical Studies，2013，54:60.

[12]王彤等.双子山国家森林公园景观格局地形分异特征分析[J].北方园艺.2018(5).70-75.

[13]王洪成等.浅析摘星山风景区生态文化旅游规划设计[J].北方园艺 2009 (8).231-233.

[14]韩文权等.景观格局优化研究进展[J].生态学杂志,2005,24(12): 1487-1492.

[15]王彤等.浅析郊野公园局部景观规划设计[J].中国林副特产.2014(2): 97-99.

[16]韩文权,等.基于 GIS 的四川岷江上游杂谷脑流域农林复[13]合景观格局优化[J].长江流域资源与环境,2012(2):10-17.

[17]王耕等.老铁山自然保护区景观格局与生境质量时空变化[J].生态学报,2020.44(6).1910-1922.

[18]《农业强省战略中黑龙江冷水鱼产业发展对策研究》研究报告(黑龙江省社会经济发展重点课题、编号 20309).

[16] Interferences of tourism activities on plant communities in Yabuli National Forest Park in China [J]. Hongcheng Wang, Hongxian Yu. Comput. Theor. Nanosci. 2015(12)

[19]Multi-scale habitat selection modeling identifies threats and conservation opportunities for the Sunda clouded leopard(Neofelis diardi)[J].David W. Macdonald, Helen M. Bothwell, Andrew J. Hearn, Susan M. Cheyne, Iding Haidir, Luke T. B. Hunter,? aneta Kaszta, Matthew Linkie, Ewan A. Macdonald, Joanna Ross, Samuel A. Cushman. Biological Conservation . 2018

[20]王洪成等.双子山国家森林公园生态网络构建与优化[J].黑龙江农业科学.2018(10).116-120.

[21] Geographic range-scale assessment of species conservation status:A framework linking species and landscape features[J]. Ludmila Rattis, Ricardo Dobrovolski, Maurício Talebi, Rafael Loyola. Perspectives in Ecology and Conservation . 2018 (2)

[22]王洪成等.浅析我国生态文化旅游可持续发展的对策[J]黑龙江生态工程职业学院学报.2009.22(3).30-31.